U0260361

蔬菜作物种子图册

王德槟 魏 民 马宾生 李 蕾 编著

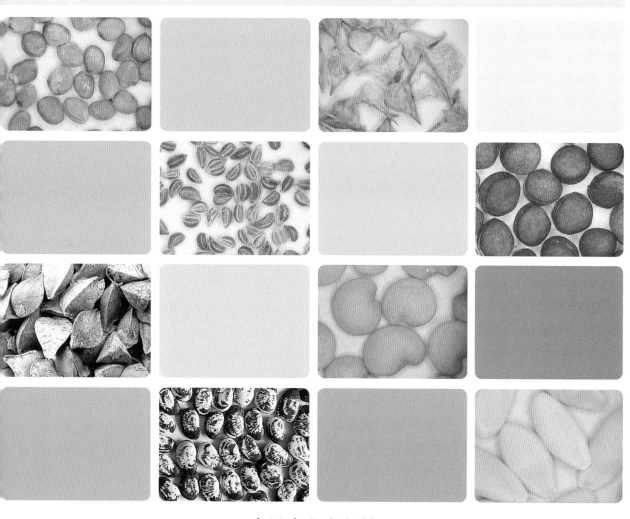

中国农业出版社
农村读物出版社
北京

内容提要

　　本图册收录了我国近200种栽培蔬菜种子（包括其他繁殖材料）的实物图片，主要包括每种蔬菜种子的群体图像、单个或几个种子的特写及种子表面的纹饰图像，尽量以细致、清晰和直观的方式，展示各种蔬菜种子所具有的不同形态特征，以便读者能通过比照和区分，准确地认知种类繁多、形态各异的蔬菜种子。本图册还对每种蔬菜的植物学分类地位、原产地以及植物学特征、生物学特性，尤其是种子的特征特性做了必要的描述，以便于读者进一步加深对种子的认知、理解和运用。

　　本图册所涉及的栽培蔬菜种类较全，种子（包括其他繁殖材料）形态特征的图片表达细致、清晰，有关蔬菜特征特性的文字描述精炼、明了，是当前我国蔬菜专业技术书籍中仅有的一部以鉴别蔬菜种子为主要目的的图谱类工具书，可供广大从事蔬菜生产和蔬菜种业的人员在生产和工作实践中学习应用，也可供各级蔬菜行政管理部门、技术推广单位以及各地农业科研院所、农业院校蔬菜专业的技术人员和师生参考。

自 序

20世纪50年代末，我毕业于北京农业大学园艺系果树蔬菜专业，参加工作以后，一直从事蔬菜栽培教学、研究和技术推广工作。不过细想起来也很惭愧，一个前后跟蔬菜作物打了60多年交道、栽培实践知识不谓不广并被同行戏称为"万金油"的"老专家"，除了市场上能见到的日常蔬菜，竟然仍有不少种类见着眼生，尤其是它们的种子——形态纷繁，五花八门，各具其貌，各归其类，且又类而不群，似是而非，难以确认。为此，我一直耿耿于怀，既心存尴尬，又不甘于心，于是切切地期盼能在中国的蔬菜专著中出版一本用于鉴别各种栽培蔬菜及其种子的图鉴或图说的工具书，以弥补像我这样的"老少专家"们对鉴别某些蔬菜缺乏认知手段的缺憾，同时也能对从事蔬菜生产和蔬菜种子经营业者在生产和工作实践中有所助益。

进入21世纪后，终于盼来了机会，实现了我的愿望。有幸作为编委之一的我，参与了《中国蔬菜作物图鉴》的编撰工作，并承担了蔬菜种子图片的拍摄任务。该书共收录了230多种（亚种、变种）蔬菜作物的1 600余幅彩色照片，展现了每一种蔬菜作物的幼苗、植株、花、果实、种子及栽培生长情况、产品类型，称得上是一部专业的可供鉴别、认知各种蔬菜的大型工具书。但是该书的出版仍让我有一种不满足感，由于受到表达重点和篇幅等限制，书中对各种蔬菜种子所展示的图片仅为一幅，而且帧幅也小，总觉得未能充分、细致、清晰地表达，而实际要认知各种蔬菜的种子比鉴别不同蔬菜的种类更为困难。如果《中国蔬菜作物图鉴》中能有每种蔬菜种子的群体图像、单个种子或其主要特征部位的特写以及种子表面的纹饰图像，那对于鉴别和认知不同蔬菜的种子一定会有更大的助益！由此我就有了想撰写一本类似"蔬菜作物种子图册"的冲动和渴望。

要完成《蔬菜作物种子图册》(简称《图册》)这样一本专著，必须拥有足够数量的各种蔬菜种子(包括繁殖材料)图片，这本不是我力所能及的事，好在参与了《中国蔬菜作物图鉴》的编撰工作，几年中手头积累了为数不少蔬菜种子的图片，其中除了一般种类，许多小粒种类都是在解剖镜下摄录的，图片基本上清晰，都能反映实物的原貌。同时所有这些图片均经过中国农业科学院蔬菜花卉研究所所属实验农场马宾生场长和南口实验农场魏民场长审阅过。文稿和图片最后又请所科研处李蕾处长进行了全面的审校。不过，因所掌握的各种栽培蔬菜种子的素材不够齐全，有些欠缺的种类引用了其他著作中的图片，并对某些图片在尊重原图的前提下酌情进行了必要的剪裁或放大，还请原图作者予以谅解。在文字叙述上，我们力求对每种蔬菜的植物学分类地位、原产地以及植物学特征、生物学特性，尤其是种子的形态和特性进行简明扼要的描述。遗憾的是由于缺乏对有关蔬菜种子形态和特性的深入研究，尤其是一些非常见蔬菜，现有可供参阅的资料非常有限，有的几乎是空白，这也是这部书不敢称"图鉴"或"图说"的主要缘由，这些不足之处只得留待以后去进一步研究、补充和完善。尽管我对这部《图册》也不是很满意，但可聊以自慰的是终究算有了那么一部直观描述蔬菜种子的专著，有了总比没有的好，起码能够留住一些可供参考的图片资料。另外，这部《图册》的内容可能与《中国蔬菜作物图鉴》有些重叠，但在有关蔬菜种子描述方面，似可以视为这本书的延伸和补充。

在《图册》的成书过程中承蒙我所张德纯、单佑习同志，北京市农林科学院蔬菜研究中心张宝海同志极力提供蔬菜种子样本，并受到本所朱德蔚、祝旅、庄飞云等同志的帮助和指点，谨在此表示衷心的感谢！

中国农业科学院蔬菜花卉研究所　王德槟

2021.11.25

目 录
CONTENTS

十、薯芋类蔬菜作物

十一、水生类蔬菜作物

十二、多年生及杂类蔬菜作物 / 163

一、根菜类蔬菜作物

蔬 · 菜 · 作 · 物 · 种 · 子 · 图 · 册

萝卜 (radish)

萝卜（*Raphanus sativus* L.）又名菜头、莱菔，古称葖、芦菔。十字花科（Cruciferae）萝卜属一、二年生草本植物。有中国萝卜（var. *longipinnatus* Bailey）和四季萝卜（var. *radiculus* Pers.）两个变种。染色体数2*n*=2*x*=18。原产欧洲及中国和日本，喜温和，半耐寒。用种子繁殖。以肉质根供食。各地均有栽培。

植物学特征：直根系，肉质根圆球、扁圆、卵圆、圆柱、圆锥或纺锤形，白、粉红、紫红、绿、深绿或黑色，肉白或淡绿、紫红色。茎短缩。基生叶大头羽状全裂（花叶）或枇杷叶状（板叶），直立、半直立或塌地，多被茸毛。总状花序，顶生或腋生，花白、粉红或淡紫色，异花授粉。长角果，圆柱形，直或稍弯，种子间缢缩成串珠状，顶端具长喙，果壁海绵质，成熟后不易开裂，含种子3～10粒。种子呈卵圆或椭圆形，微扁，其一侧具浅纵沟，直径1.40～3.53mm，表面浅黄至红棕或暗褐色，解剖镜下可见细密的网状纹，千粒重7.0～15.0g。种子发芽力可保持5年，生产上多用采后第1～2年的种子。

萝卜（樱桃萝卜）种子

胡萝卜 (carrot)

　　胡萝卜 (*Daucus carota* L.var. *sativa* DC.) 又名红萝卜、黄萝卜、丁香萝卜、药性萝卜。伞形科 (Umbelliferae) 胡萝卜属二年生草本植物,染色体数$2n=2x=18$。原产亚洲西部,喜温和。用种子繁殖。以肉质根供食。各地广泛栽培。

　　植物学特征:直根系。肉质根圆锥或圆筒形,皮、肉橘黄或橘红色。茎短缩。叶3～4回羽状全裂,小裂片狭披针形,被茸毛,叶柄绿或紫色。复伞形花序,花白色或略带紫色,异花授粉。双悬果,含两个独立的分果;分果扁平长椭圆形,长约3mm、宽1.5mm、厚0.4～1.0mm,腹面(相对面)较平,背面龟背状,有多条纵向棱状突起,具刺毛;果皮革质,含精油,易挥发,有特殊香味。千粒重1.1～1.5g。分果含种子一枚,无胚乳,种胚常发育不良,种子发芽率、出土力一般较低。种子发芽力可保持5～6年,生产上多用采后第2～3年的种子。

胡萝卜种子(果实)

芜 菁 (turnip)

芜菁 [*Brassica campestris* L. ssp. *rapifera* Metzg（*Brassica rapa* L. ssp. *rapifera* Metzg）]
又名蔓菁、圆根、盘菜、圆菜头，古称九英菘、诸葛菜。十字花科（Cruciferae）芸薹
属二年生草本植物，染色体数 $2n=2x=20$。原产地中海沿岸及阿富汗、巴基斯坦、外高
加索等地，喜冷凉。用种子繁殖。以肉质根、嫩叶供食。华北、西北及云贵、江浙一带
有栽培。

植物学特征：直根系，肉质根白、淡黄或紫红色。叶全缘（板叶）或大头羽裂（花
叶），叶柄有叶翼，叶面多刺毛。总状花序，花黄色，异花授粉。长角果，线形，顶端具
长喙，成熟后易开裂。种子圆球形，直径约1.80mm，浅黄棕至浅褐或深褐色，近脐处黑
色，其一侧具浅纵沟，解剖镜下可见巢穴状细网纹。千粒重1.50～3.75g。种子发芽力可
保持3～4年，生产上多用采后第1～2年的种子。

芜菁种子

芜菁甘蓝 (rutabaga)

　　芜菁甘蓝（*Brassica napobrassica* Mill.）又名洋蔓菁、洋大头菜、洋疙瘩、瑞典芜菁。十字花科（Cruciferae）芸薹属二年生草本植物，染色体数$2n=2x=38$。原产地中海沿岸或瑞典，喜冷凉，耐寒。用种子繁殖。以肉质根供食。华北及河南、福建、上海、江苏、云南、贵州等地有少量栽培。

　　植物学特征：直根系，肉质根白色或出土部分稍带紫红色，肉白色。叶大头羽裂，蓝绿色，被蜡粉，叶柄断面半圆形。总状花序，花黄色，异花授粉。长角果，线形，顶端具短喙，成熟时开裂，种子易脱落。种子呈不规则圆球形或卵圆形，直径约1.00mm，深褐至黑棕色，解剖镜下可见巢穴状网纹。千粒重3.2g左右。种子发芽力可保持5年左右，生产上多用采后第1～2年的种子。

芜菁甘蓝种子

根荠菜 （garden beet）

　　根荠菜（*Beta vulgaris* L. var. *rapacea* Koch.）又名紫菜头、红菜头、火焰菜。藜科（Chenopodiaceae）甜菜属二年生草本植物，染色体数$2n=2x=18$。原产欧洲地中海沿岸，喜冷凉、湿润，较耐寒。用种子繁殖。以肉质根供食。大城市郊区有少量栽培。

　　植物学特征：直根系。肉质根圆球、扁圆、卵圆、纺锤或圆锥形，紫或紫红色，肉紫红色。茎短缩。叶卵圆形，具光泽，叶柄长，均紫红色。圆锥花序，花淡绿色，异花授粉，开花授粉后苞片、花萼宿存，并包裹整个果实，子房成熟时形成具有单一种子的木质化褐色果实，解剖镜下可见果面具不规则瘤状突起。整个果实由3～5个单果相互合生形成复果（球果），长径约3.37mm。千粒重13.26g左右。种子肾脏形，棕色，很小。种子发芽力可保持5～6年。

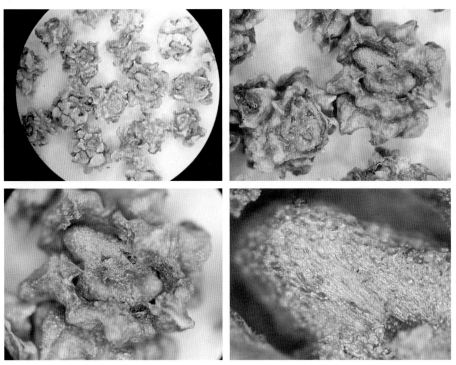

根荠菜种子（果实）

美洲防风 （parsnip）

美洲防风（*Pastinaca sativa* L.）又名欧防风、美国防风、蒲芹萝卜、芹菜萝卜。伞形科（Umbelliferae）欧防风属二年生草本植物，染色体数 $2n=2x=22$。原产欧洲和西亚，喜冷凉、湿润。用种子繁殖。以根和嫩叶供食。大城市郊区有少量栽培。

植物学特征：直根系，肉质根长圆锥形，浅黄色，肉白色。二回羽状复叶，叶柄较长，小叶卵形，叶缘浅裂。复伞形花序，花黄色，异花授粉。双悬果，阔卵形，扁平，长约6.50mm、宽5.00mm、厚0.55mm，周边具翅状片，果面以米黄为主色，具多条淡棕色弧状条纹，果皮内层有两条深棕色弧状条纹。千粒重约3.16g。分果片含1粒种子，白色。种子发芽年限1～2年。

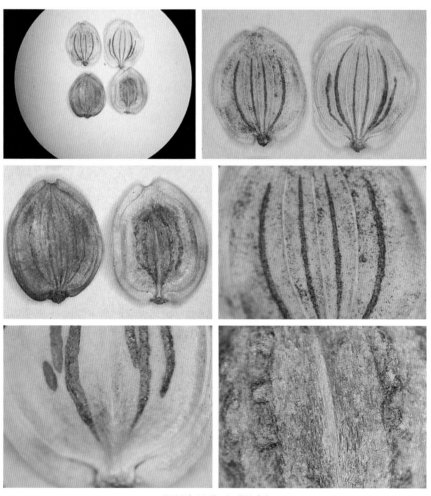

美洲防风种子（果实）

牛 蒡 （edible burdock）

牛蒡（*Arctium lappa* L.）又名大力子、东洋萝卜、蝙蝠刺。菊科（Compositae）牛蒡属二、三年生草本植物，染色体数$2n=2x=32$。原产亚洲，喜温暖、湿润。用种子繁殖。以根和嫩叶供食。山东、江苏等地多有栽培。

植物学特征：根圆柱形，暗黑色，肉灰白色。茎粗而直，稍带紫红色。叶丛生（基生叶）或互生（茎生叶），心脏形或宽卵形，淡绿色，背面密被白色茸毛。伞房状头状花序，花淡紫色，异花授粉。瘦果，椭圆形或倒卵圆形，略扁，长约6.55mm，宽3.00mm、厚1.45mm；表面灰棕色或浅褐色，具稍突起的纵脉6～8条，冠毛短刚毛状。千粒重13.66g左右。果皮坚韧，内含种子1枚，种子长纺锤形，灰褐色。种子发芽年限2～3年。

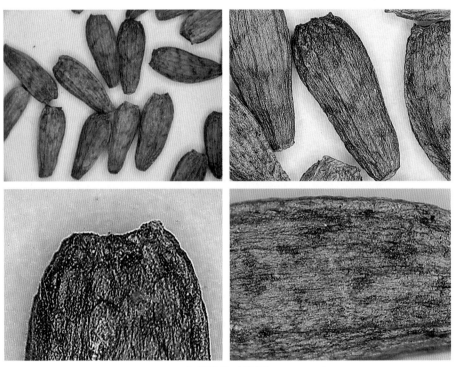

牛蒡种子（果实）

根芹菜 （celeriac）

　　根芹菜（*Apium graveolens* L. var. *rapaceum* DC.）又名根洋芹、球根塘蒿、旱芹菜根。伞形科（Umbelliferae）芹属二年生草本植物，染色体数$2n=2x=22$。原产地中海沿岸沼泽盐渍地，喜冷凉、湿润。用种子繁殖。以肉质根供食。北京、上海、台湾等地有少量种植。

　　植物学特征：根系较发达，肉质根圆球形，浅褐至褐色。茎短缩。叶形与芹菜类同，但比芹菜小，叶柄不发达，绿或赤、褐色。伞形花序，花小，黄白色，异花授粉。双悬果，小，褐至棕褐色，断面宽矮五角形，成熟后沿中缝开裂形成两个扁形分果，各含种子1粒。种子发芽力可保持2～3年，生产上多用采后第1～3年的种子。

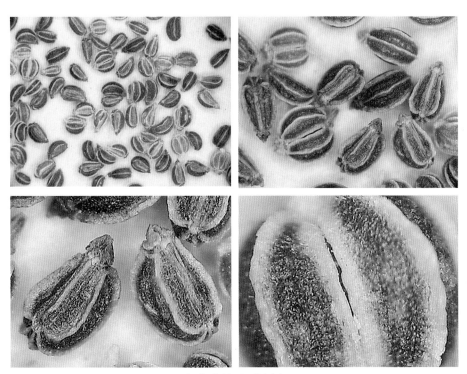

根芹菜种子（果实）

山 葵 (wasabi)

　　山葵 [*Eutrema wasabi* (Siebold) Maxim] 又名哇沙米、山嵛菜、山姜。十字花科（Cruciferae）山嵛菜属多年生草本作物，染色体数 $2n=2x=28$。原产中国和日本，喜阴凉、湿润。用分株或种子繁殖。以根茎、叶柄和叶供食。台湾、云南、贵州、四川及福建和浙江交界山区有栽培。

　　植物学特征：根茎肥大，圆柱形，绿或浓绿色。根出叶，心脏形，有光泽，叶缘锯齿状。总状花序，花白色，异花授粉。荚果，窄条形，略弯曲，稍呈念珠状，果梗常向下反折或平展，结实率低，每果含种子8粒左右。种子圆球形，直径2.00~2.50mm，褐色，有明显的休眠期。

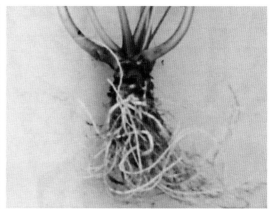

山葵繁殖材料——根株
（引自《中国蔬菜作物图鉴》）

黑婆罗门参 (black salsify)

黑婆罗门参（*Scorzonera hispanica* L.）又名菊牛蒡、鸦葱、黑皮牡蛎菜、黑皮婆罗门参。菊科（Compositae）鸦葱属多年生草本植物，染色体数$2n=2x=14$。原产欧洲中部和南部，喜温暖、湿润。用种子繁殖。以肉质根、嫩叶供食。大城市郊区有栽培。

植物学特征：肉质根近圆柱形，灰黑或棕黑色，肉白色。植株丛生，根出叶，披针形。头状花序，花鲜黄色，异花授粉。瘦果，细长，长$10.0 \sim 13.0$mm，白色或黄色，平滑，先端尖、基部钝，有纵肋，具白色羽状冠毛。千粒重11.1g左右。种子发芽力最多可保持2年。

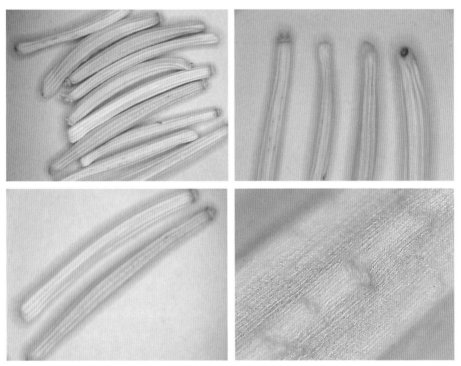

黑婆罗门参种子（果实）

蒜叶婆罗门参 （vegetable-oyster salsify）

　　蒜叶婆罗门参（*Tragopogon porrifolius* L.）又名婆罗门参、西洋牛蒡、西洋白牛蒡。菊科（Compositae）婆罗门参属二年生草本植物，染色体数$2n=2x=12$。原产欧洲南部希腊及意大利。适应性广，既耐寒，又耐热。用种子繁殖。以肉质根、嫩叶供食。大城市郊区有少量栽培。

　　植物学特征：肉质根长圆锥形。茎直立，植株丛生，根出叶条状披针形，茎生叶基部较宽，呈鞘状抱茎。头状花序，花紫色。瘦果，细长，有多条纵沟，两端尖，顶端有长喙，外皮粗糙，黄褐色，具白色羽状冠毛。千粒重10.0～11.8g。种子发芽力可保持2年左右。

蒜叶婆罗门参种子（果实）

二、白菜类蔬菜作物

蔬 · 菜 · 作 · 物 · 种 · 子 · 图 · 册

大白菜 （Chinese cabbage）

　　大白菜 [*Brassica campestris* L. ssp. *pekinensis* (Lour.) Olsson 或 *Brassica rapa* L. ssp. *pekinensis* (Lour.) Hanelt] 又名结球白菜、包心白菜、黄芽菜等，古称菘。十字花科（Cruciferae）芸薹属二年生草本植物。有散叶大白菜(var. *dissoluta* Li)、半结球大白菜(var.*infarcta* Li)、花心大白菜(var. *laxa* Tsen et Lee)和结球大白菜(var. *cephalata* Tsen et Lee) 4个变种。染色体数 $2n=2x=20$。原产中国，喜温和。用种子繁殖，以叶球供食。各地普遍栽培，主产区在长江以北。

　　植物学特征：直根系。茎短缩。莲座叶肥大，互生，倒披针形至阔倒卵圆形，无明显叶柄，叶缘锯齿状。叶球卵圆形、倒圆锥形或圆筒形，乳白或淡黄色。总状花序，花淡黄色，异花授粉。长角果，细长圆筒形，长3.0～6.0cm，顶端具喙，内含种子约30粒，成熟时常开裂，种子易脱落。种子圆球形，微扁，直径1.3～1.5mm，红褐至褐色，或黄色，解剖镜下可见巢穴状网纹。千粒重2.5～4.0g。种子发芽力一般可保持4～5年，生产上多用采后第1～2年的种子。

大白菜种子

普通白菜 （pak-choi）

普通白菜 [*Brassica campestris* L. ssp. *chinensis* (L.) Makino var. *communis* Tsen et Lee 或 *Brassica rapa* L. ssp. *chinensis* (L.) Makino var. *communis* Tsen et Lee] 又名小白菜、油菜（北方）、小油菜、青菜，古称菘。十字花科（Cruciferae）芸薹属二年生草本植物，染色体数 $2n=2x=20$。原产中国，喜冷凉，较耐寒。用种子繁殖。以叶片供食。各地均有栽培，主产区在长江以南地区。

植物学特征：须根发达。茎短缩。莲座叶肥大，椭圆、卵圆、倒卵圆、圆或匙形，叶面光滑或皱缩，少数被茸毛；叶柄肥厚，一般无叶翼，白、绿白、浅绿或绿色；内轮叶片舒展或抱合呈束腰筒状，少数呈半结球状。总状花序，花黄色，异花授粉。长角果，线形，长 2.0 ~ 6.0cm，顶端具喙，成熟时易开裂。种子近圆球形，直径 1.21 ~ 1.41mm，黄褐或红褐至紫褐色，解剖镜下可见巢穴状网纹。千粒重 1.50 ~ 2.65g。种子发芽力一般可保持 4 ~ 5 年，生产上多用采后第 1 ~ 3 年的种子。

普通白菜（奶白菜）种子

乌塌菜 (wuta-tsai)

乌塌菜 [*Brassica campestris* L. ssp. *chinensis* (L.) Makino var. *rosularis* Tsen et Lee 或 *Brassica rapa* L. ssp. *chinensis* (L.) Makino var. *rosularis* Tsen et Lee] 又名瓢儿菜、塌菜、塌棵菜、塌古菜、太古菜、塌地松、黑菜。十字花科（Cruciferae）芸薹属二年生草本植物，染色体数 $2n=2x=20$。原产中国，喜冷凉，耐寒，不耐炎热。用种子繁殖。以叶片供食。长江中下游地区多有栽培。

植物学特征：浅根系。茎短缩。莲座叶塌地或半塌地生长，椭圆至卵圆形，浓绿至墨绿色，叶面微皱或皱缩，叶缘或其先端外卷，叶柄白或浅绿色，心叶黄或绿色。总状花序，花黄色，异花授粉。长角果，长圆形，长 2.0～4.0cm，稍扁平，喙稍粗，内含多粒种子，成熟时易开裂。种子圆球形，赤褐或黑褐色，解剖镜下可见巢穴状网纹。千粒重 1.5～2.2g。

乌塌菜种子

菜薹 （flowering Chinese cabbage）

菜薹 [*Brassica campestris* L. ssp. *chinensis* (L.) var. *utilis* Tsen et Lee 或 *Brassica rapa* L. ssp. *chinensis* (L.) var. *utilis* Tsen et Lee] 又名菜心、绿菜薹、菜尖，古称薹心菜。十字花科（Cruciferae）芸薹属一、二年生草本植物，染色体数 $2n=2x=20$。原产中国，喜温，耐热。用种子繁殖。以柔嫩花薹、嫩叶供食。华南及台湾等地多有栽培。

植物学特征：浅根系。前期茎短缩，花茎断面圆形，黄绿或绿色。基生叶宽卵圆形或椭圆形，绿或黄绿色，叶柄狭长；茎（花薹）生叶卵圆形至披针形，叶柄短或无。总状花序，花黄色，异花授粉。长角果，黄褐色。种子较小，近圆球形，褐或黑褐色，解剖镜下可见凹凸状密网纹。千粒重 1.3 ～ 1.7g。

菜薹种子

薹菜 (tai-tsai)

薹菜 [*Brassica campestris* L. ssp. *chinensis* (L.) Makino var. *tai-tsai* Hort 或 *Brassica rapa* L. ssp. *chinensis* (L.) Makino var. *tai-tsai* Hort] 又名圆叶薹菜（板叶品种）、花叶薹菜（花叶品种）。十字花科（Cruciferae）芸薹属一、二年生草本植物，染色体数$2n=2x=20$。原产中国，喜冷凉，耐寒、耐热。用种子繁殖。以嫩叶、柔嫩花薹和肉质根供食。山东、江苏栽培较多。

植物学特征：直根系，肉质根圆锥形。根出叶长卵形或倒卵形，大头状羽裂、深裂或全裂，叶缘波状或具不规则圆锯齿，叶面被刺毛；茎（花薹）生基部叶似根出叶，抱茎，中、上部叶短圆至卵圆或卵状披针形。总状花序，花鲜黄色，异花授粉。长角果，果荚大，喙粗短，先端扁，成熟时不易开裂。种子黄褐或黑褐色，解剖镜下可见细密网状纹。千粒重1.5～2.5g。

薹菜种子

紫 菜 薹 [*Brassica campestris* L. ssp. *chinesis* (L.) Makino var. *purpurea* Bailey 或 *Brassica rapa* L. ssp. *chinesis* (L.) Makino var. *purpurea* Bailey] 又名红菜薹、红油菜薹。十字花科 (Cruciferae) 芸薹属一、二年生草本植物，染色体数$2n=2x=20$。原产中国，喜温和。用种子繁殖。以柔嫩花薹、嫩叶供食。湖北、四川和湖南等地多有栽培。

植物学特征：浅根系。茎短缩，花茎紫红色。基生叶椭圆形至卵形，绿或紫绿色，叶柄长，紫绿或紫红色；茎（花薹）生叶细小，倒卵形或披针形。总状花序，花黄色，异花授粉。长角果，长$5.0 \sim 7.0$cm，内含多粒种子。种子近圆形，紫褐至黑褐色，解剖镜下可见凹凸状细密网纹。千粒重$1.5 \sim 1.9$g。

紫菜薹种子

三、甘蓝类蔬菜作物

结球甘蓝 (cabbage)

　　结球甘蓝（*Brassica oleracea* L. var. *capitata* L.）又名洋白菜、圆白菜、卷心菜、莲花白、苗子白、包心菜、包菜、高丽菜。十字花科（Cruciferae）芸薹属二年生草本植物，染色体数$2n=2x=18$。原产地中海至北海沿岸，喜温和、冷凉。用种子繁殖。以叶球供食。各地均有栽培。

　　植物学特征：圆锥根系。茎短缩。外叶互生，卵圆或椭圆形，叶面光滑或皱缩，被蜡粉，绿或紫红色。叶球呈圆球、扁圆球或尖圆球形，浅绿或紫红色。复总状花序，花黄色，异花授粉。长角果，圆柱状，稍扁，长6.0～9.0cm，表面光滑，略呈念珠状，喙圆锥形。种子圆球形，直径1.85～2.05mm，红褐、棕或黑褐色，解剖镜下可见不规则圈状网纹。千粒重4.0g左右。种子发芽力一般可保持3～4年，生产上多用采后第1～2年的种子。

结球甘蓝种子

球茎甘蓝 (kohlrabi)

球茎甘蓝（*Brassica oleracea* L. var. *caulorapa* DC.）又名茎蓝、擘蓝、松根、玉蔓菁、芥蓝头、玉头。十字花科（Cruciferae）芸薹属二年生草本植物，染色体数$2n=2x=18$。原产地中海沿岸，喜温和、冷凉。用种子繁殖。以球茎供食。各地多有栽培。

植物学特征：浅根系。茎短缩，膨大成球茎，圆球形或扁圆形，绿、白或紫色。叶着生于短缩茎上，椭圆、倒卵圆或近三角形，绿、深绿或紫色，被蜡粉，叶柄细长。复总状花序，花黄色，异花授粉。长角果，与甘蓝相似，喙通常较短，基部膨大。种子近圆球形，直径1.90 ~ 2.20mm，有棱角，红褐或黑褐色，解剖镜下可见细密网状纹。千粒重2.9g左右。种子发芽力一般可保持3 ~ 4年，生产上多用采后第1 ~ 2年的种子。

球茎甘蓝种子

花椰菜 (cauliflower)

花椰菜（*Brassica oleracea* L. var. *botrytis* L.）又名花菜、菜花。十字花科 (Cruciferae) 芸薹属一、二年生草本植物，染色体数 $2n=2x=18$。原产地中海东部沿岸，喜温和、湿润。用种子繁殖。以花球供食。各地多有种植。

植物学特征：根基粗大。茎短缩。叶披针形或长卵形，浅蓝绿色，被蜡粉。花球半球形，少数塔形，白色，少数紫红或黄色（也有学者认为黄绿、黄和紫色类型应归属于青花菜）。复总状花序，花黄色，异花授粉。长角果，圆柱形，长 3.0～4.0cm，具长喙，内含种子 10 余粒，成熟时易开裂。种子宽椭圆形至圆球形，直径 1.60～2.05mm，棕色至紫褐色，解剖镜下可见细密网状纹。千粒重 3.0～4.0g。种子发芽力一般可保持 3～4 年，生产上多用采后第 1～2 年的种子。

花椰菜种子

青花菜 (broccoli)

青花菜（*Brassica oleracea* L. var. *italica* Plenck）又名西兰花、绿菜花、嫩茎花椰菜、木立花椰菜、意大利芥菜。十字花科（Cruciferae）芸薹属一、二年生草本植物，染色体数 $2n=2x=18$。原产地中海东部沿岸，喜凉爽、湿润。用种子繁殖。以花球供食。各地多有栽培。

植物学特征：根系较发达。茎直立、粗壮。叶披针形，叶缘波状，缺刻较深，蓝绿或蓝紫色，被蜡粉。花球扁球形，侧枝可着生侧花球。复总状花序，花黄色，异花授粉。角果，内含种子10余粒，成熟时易开裂。种子圆球形，直径1.60～2.05mm，浅褐至灰褐色，解剖镜下可见细密网状纹。千粒重3.5～4.0g。种子发芽力一般可保持3～4年，生产上多用采后第1～2年的种子。

青花菜种子

芥 蓝 （Chinese kale）

　　芥蓝（*Brassica alboglabra* L. H. Bailey 或 *Brassica oleracea* var. *alboglabra* Bailey）又名白花芥蓝。十字花科（Cruciferae）芸薹属一、二年生草本植物，染色体数$2n=2x=18$。原产中国南部或亚洲其他地区，喜温和、湿润。用种子繁殖，以花薹及嫩叶供食。华南、长江流域及台湾等地多有栽培。

　　植物学特征：浅根系。茎直立，粗壮。叶互生，叶面光滑或皱缩，叶缘波状，茎叶均被蜡粉。总状花序，花白色或黄色，异花授粉。长角果，线形，长$3.0 \sim 9.0$cm，顶端具喙，成熟时黄褐色，内含多粒种子。种子近圆形，直径约2.0mm，褐至黑褐色，解剖镜下可见弯条状细密网纹。千粒重$3.5 \sim 4.0$g。

芥蓝种子

抱子甘蓝 （brussels sprout）

抱子甘蓝（*Brassica oleracea* L. var. *gemmifera* Zenk.）又名子持甘蓝、芽甘蓝。十字花科（Cruciferae）芸薹属二年生草本植物，染色体数$2n=2x=18$。原产地中海沿岸、西北欧等地，喜温和、凉爽。用种子繁殖。以芽球供食。大城市郊区有少量栽培。

植物学特征：根系发达。茎较高。叶倒卵圆形，具长柄。叶腋着生多数小叶球，形似结球甘蓝，由侧芽形成。复总状花序，花黄色，异花授粉。长角果。种子小于甘蓝种子，红褐或棕褐至黑褐色，解剖镜下可见窝点状网纹。千粒重约2.8g。

抱子甘蓝种子

羽衣甘蓝 (kale)

　　羽衣甘蓝（*Brassica oleracea* L. var. *acephala* DC.）又名菜用羽衣甘蓝、绿叶甘蓝、叶牡丹、花包菜。十字花科（Cruciferae）芸薹属二年生或多年生草本植物，染色体数 $2n=2x=18$。原产地中海和小亚细亚一带，喜温和、凉爽。用种子繁殖，以嫩叶供食。大城市郊区有栽培。

　　植物学特征：根系发达。茎第1年短，第2年后较长。叶长椭圆形，叶缘羽状深裂、黄绿、绿或紫红色。复总状花序，花黄色，异花授粉。长角果。种子近圆球形，黄褐至棕褐色，解剖镜下可见细密网状纹。千粒重3.0g左右。种子发芽率一般可保持5年。

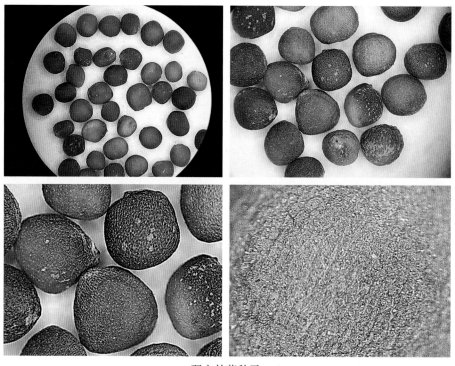

羽衣甘蓝种子

四、芥菜类蔬菜作物

芥 菜 (mustard)

芥菜 [Brassica juncea (L.) Czern. et Coss.] 包括根芥、茎芥、叶芥和薹芥 4 类共 16 个变种。根芥 (var. *megarrhiza* Tsen et Lee) 又名大头芥、辣疙瘩、冲菜、芥头、芥疙瘩；茎芥有茎瘤芥 (var. *tumida* Tsen et Lee)、抱子芥 (var. *gemmifera* Lee et Lin)、笋子芥 (var. *crassicaulis* Chen et Yang) 3 个变种，又名茎瘤芥、棒菜、青菜头、儿菜、娃娃菜；叶芥有分蘖芥 (var. *multiceps* Tsen et Lee)、大叶芥 (var. *rugosa* Bailey)、小叶芥 (var. *foliosa* Bailey)、宽柄芥 (var. *latipa* Li)、叶瘤芥 (var. *strumata* Tsen et Lee)、长柄芥 (var. *longepetiolata* Yang et Chen)、花叶芥 (var. *multisecta* Bailey)、凤尾芥 (var. *linearifolia* Sun)、白花芥 (var. *leucanthus* Chen et Yang)、卷心芥 (var. *involuta* Yang et Chen) 和结球芥 (var. *capitata* Hort ex Li) 共 11 个变种，又名雪里蕻、青菜、苦菜、春菜；薹芥 (var. *utilis* Li) 又名冲辣菜。均为十字花科 (Cruciferae) 芸薹属一、二年生草本植物，染色体数 $2n=2x=36$，$2n=4x=36$。原产中国，喜冷凉、湿润。用种子繁殖。根芥以肉质根供食，西南、东北及东南各地均有栽培；茎芥以肉质瘤茎、肉质侧芽和棒状肉质茎供食，主产四川、浙江；叶芥以叶片、叶球供食，各地均有栽培；薹芥以花茎 (花薹) 供食，四川、贵州、广东、浙江等地多有栽培。

植物学特征：

根芥：肉质根圆球、圆柱或圆锥形，光滑，上部浅绿色，下部白色，肉白色。茎短缩。叶长椭圆形或大头羽状浅裂或深裂，叶面平滑、蜡粉少。

茎芥：直根系。由主茎及其瘤状突起构成肉质瘤茎，近圆球、扁圆球形或纺锤形，表面具光泽或被蜡粉，有 3 ~ 5 个瘤状突起；或侧芽肉质，或主茎呈棒状、肉质。叶互生，长椭圆形或卵圆形，叶背及中肋上常被刺毛或蜡粉。

叶芥：直根系。茎短缩。叶互生，椭圆、卵圆、倒卵圆或披针形，叶面平滑或皱缩，叶背及中肋上常被刺毛或蜡粉，叶缘具锯齿或波状、全缘，或基部浅裂、深裂或为裂片；叶片中肋或叶柄扩大或呈扁平状、箭杆状，或突起，或包心结球。

薹芥：直根系。茎短缩。叶倒披针形，叶面平滑，叶缘呈不等锯齿状。顶、侧芽抽生均较快，侧薹发达，或顶芽抽生快，形成肉质花茎，侧薹不发达。

均为总状花序，花黄色或白色，常异花授粉。长角果，线形，长 3.0 ~ 3.5cm，先端具喙。种子圆球形或椭圆形，直径 1.10 ~ 2.30mm，红、红褐至紫褐色，解剖镜下可见细密网状纹。千粒重 0.6g 左右。种子发芽力一般可保持 3 ~ 4 年，生产上多用采后第 1 ~ 2 年的种子。

芥菜（叶芥：金丝芥）种子

五、茄果类蔬菜作物

蔬 · 菜 · 作 · 物 · 种 · 子 · 图 · 册

番 茄 (tomato)

番茄属（*Lycopersicon* Miller）包括秘鲁番茄、智利番茄、多毛番茄及普通番茄等9个种。而普通番茄（*L. esculentum* Mill.）种又有普通番茄（var. *commune* Bailey，大部分栽培品种都属于此变种）、大叶番茄（var. *grandifolium* Bailey）、樱桃番茄（var. *cerasiforme* Alef.）、直立番茄（var. *validum* Bailey）和梨形番茄（var. *pyriforme* Alef.）5个变种。番茄又名西红柿、洋柿子、番柿、甘仔蜜、臭柿子。茄科（Solanaceae）番茄属一年生草本植物（热带为多年生），染色体数$2n=2x=24$。原产南美洲的秘鲁、厄瓜多尔、玻利维亚，喜温暖。用种子和枝条扦插繁殖。以果实供食。各地广泛栽培。

植物学特征：根系深。茎直立或蔓生，合轴分枝，有限或无限生长。叶互生，羽状复叶或羽状深裂，有小叶5～9片，小叶卵圆或椭圆形，叶缘有锯齿或裂片。总状或复总状花序，花黄色，自花授粉。浆果，扁柿形、桃形、苹果形、牛心形、李形、梨形或樱桃形，红、黄或绿色。种子扁平肾形，长约5.00mm、宽约4.00mm、厚约1.08mm，灰黄或淡黄白色，表面有银灰色茸毛。千粒重约3.25g。种子发芽力一般可保持3～4年，生产上多用采后第1～3年的种子。

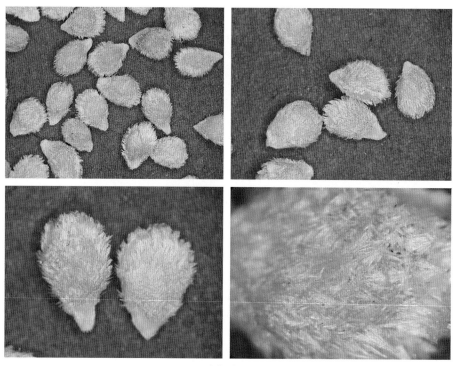

番茄种子

茄 子 （eggplant）

　　茄子（*Solanum melongena* L.）又名红茄仔、茄仔、落苏、红皮菜、昆仑紫瓜，古称伽。茄科（Solanaceae）茄属一年生草本植物（热带为多年生），染色体数$2n=2x=24$。原产东南亚及印度，中国为第二原产地。喜高温，不耐霜冻，较耐热。用种子繁殖。以果实供食。各地广泛栽培。

　　植物学特征：直根系。茎直立，基部木质化，假二叉分枝。叶互生，卵圆至长椭圆形，绿色或伴有墨绿色，叶缘全缘、锯齿状或波浪状，叶面偶生刺毛。花多单生，白色至紫色，自花授粉。浆果，圆球形、扁圆球形、椭圆形、倒卵圆形或长条形，紫黑、紫、紫红、绿或白色。种子肾形，长约3.40mm、宽约2.90mm、厚约0.95mm，光滑，黄或淡褐色。千粒重4.00～5.25g。种子发芽力一般可保持3～4年，生产上多用采后第1～3年的种子。

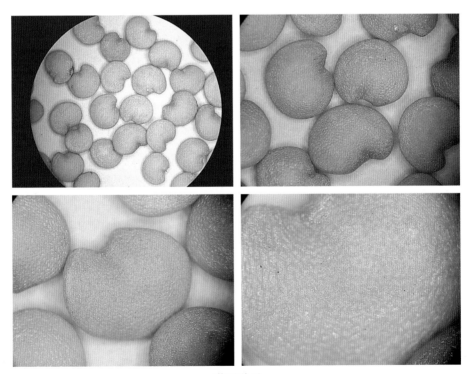

茄子种子

辣 椒 (pepper)

辣椒（*Capsicum annuum* L.）有甜椒（var. *grossum* Bailey）、长辣椒（var. *longum* Bailey）、簇生椒（var. *fasciculatum* Bailey）、圆锥椒（var. *conoides* Bailey）、樱桃椒（var. *cerasiforme* Bailey）5个变种。又名番椒、海椒、秦辣、辣角。茄科（Solanaceae）辣椒属一年生或多年生草本植物，染色体数$2n=2x=24$。原产中南美洲热带地区，喜温。用种子繁殖。以果实供食。各地广泛栽培。

植物学特征：主根不发达。茎直立，二叉或三叉分枝。单叶互生，卵圆形。花单生或簇生，白或紫白色，常异花授粉。浆果，扁圆形、圆球形、四方形、羊角形、长角形、圆锥形、指形或线形，青熟果绿、白、黄或绛紫色，老熟果橙黄、红或紫色，味甜（甜椒）或辣（辣椒）。种子短肾形，稍大，长约3.90mm、宽约3.30mm、厚约1.00mm，扁平微皱，略具光泽，黄白色。千粒重5.25 ~ 9.00g。种子发芽力一般可保持2 ~ 3年，生产上多用采后第1 ~ 3年的种子。

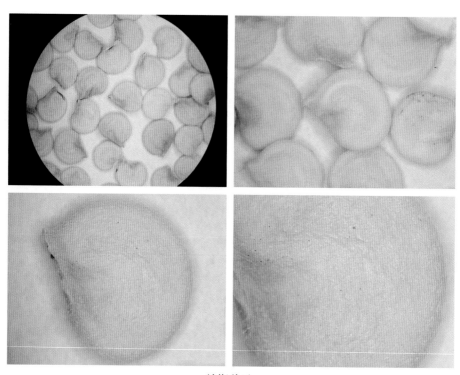

辣椒种子

酸　浆　(ground cherry)

　　酸浆有毛酸浆（黄果酸浆）（*Physalis pubescens* L.）、挂金灯（红果酸浆）[*P. alkekengi* L. var. *francheti*（Masf.）Makino] 和灯笼果（*P. peruviana* L.）等5个种。又名黄果酸浆、红姑娘、洋姑娘、酸浆西红柿、洛神珠，古称葴。茄科（Solanaceae）酸浆属多年生或一年生草本植物，染色体数 $2n=2x=24$。原产南美洲，耐寒、耐热。用种子繁殖。以果实供食。各地均有栽培，尤以东北地区为多。

　　植物学特征：地下根状茎横生，地上茎直立，双叉分枝。叶互生，宽卵形或菱状卵形。花单生于叶腋，白或黄色，花萼膜质，钟状五裂，坐果后包裹果实。浆果，圆球形，成熟时黄色（有时带紫色）或橙红色。种子肾形，乳黄色。千粒重2.3g左右。种子发芽力一般可保持3 ～ 4年。

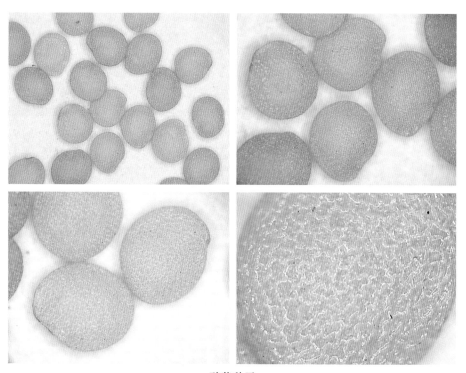

酸浆种子

香瓜茄 (melon pear)

香瓜茄（*Solanum muricatum* Ait.）又名香瓜梨、香艳茄、南美香瓜梨、人参果。茄科（Solanaceae）茄属一年生草本植物（热带为多年生）。原产南美洲，喜温。用种子或枝条扦插繁殖。以果实供食。广东、云南、四川、山东及河北等地有栽培。

植物学特征：植株较高大，多分枝。叶互生，上部叶似番茄叶，叶面被茸毛。聚伞花序，花白色或淡紫色带紫条纹，自花授粉。浆果，卵圆或圆锥形，具长柄。成熟果淡黄色，或伴有紫色条形斑纹。种子小，扁圆形，淡黄至深褐色。千粒重0.8g左右。种子发芽力一般可保持2年。

香瓜茄种子

六、豆类蔬菜作物

蔬 · 菜 · 作 · 物 · 种 · 子 · 图 · 册

菜 豆 (kidney bean)

　　菜豆（*Phaseolus vulgaris* L.）又名四季豆、芸豆、芸扁豆、豆角、敏豆。豆科（Leguminosae）菜豆属一年生缠绕性或近直立草本植物，染色体数$2n=2x=22$。原产中南美洲，中国为第二原产地。喜温，不耐高温、低温和霜冻。用种子繁殖。以嫩荚供食。各地广泛栽培。

　　植物学特征：根系较发达。茎蔓无限生长（蔓生种）或有限生长（矮生种）。三出复叶，互生，小叶阔卵形、菱形或心脏形，具茸毛。总状花序，花白、浅粉、紫红色或紫色，自花授粉。荚果，扁条或圆棍形，直生或弯曲，先端具喙，嫩荚黄、绿、紫红色或紫红色带花斑，成熟荚黄白至黄褐色，每荚含种子4～15粒。种子椭圆形、桶形或肾形，长18.50mm、宽9.50mm、厚4.50mm，黑色、白色、黄色、褐红色或带有各种斑、条纹，种脐多白色。千粒重300.0～700.0g。种子发芽力一般可保持2～4年，生产上多用采收后第1～2年的种子。

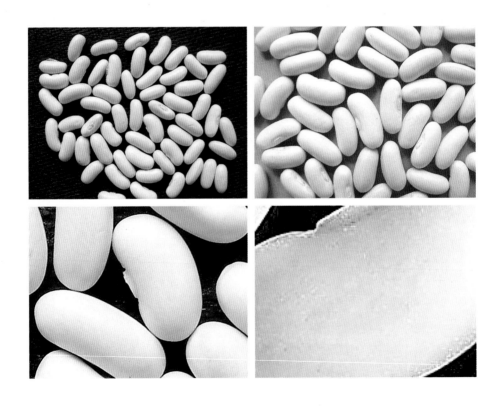

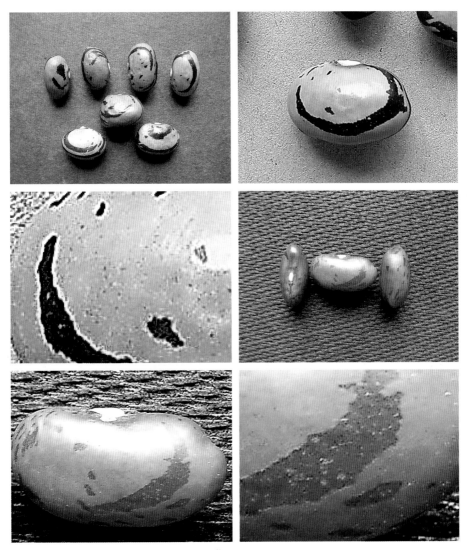

菜豆种子

长豇豆 (asparagus bean)

长豇豆 [*Vigna unguiculata* (L.) Walp. ssp. *sesquipedalis* (L.) Verdc.] 又名豇豆、带豆、长豆角、黑脐、尺八豇。豆科 (Leguminosae) 豇豆属一年生缠绕性或近直立草本植物，染色体数 $2n=2x=22$。原产非洲，印度和中国是重要的第二原产地，喜温、耐热。用种子繁殖。以嫩荚、干种子供食。除高寒地区外各地多有栽培。

植物学特征：根系发达，再生力弱，具根瘤。茎蔓生、半蔓生或矮生。三出复叶，互生，小叶矛形或卵状菱形，叶缘全缘，叶面光滑。总状花序，花淡紫或白色，自花授粉。荚果，长圆条形，少数呈旋曲状，淡绿、绿、白、紫红色或杂色，内含种子15粒左右，一般不超过24粒。种子肾形或近肾圆形，长9.45mm、宽5.20mm、厚3.25mm，黑、棕、褐、红、紫、白、土黄色或带花斑。千粒重50.0～250.0g，种子发芽力一般可保持3～4年，生产上多用采后第1～2年的种子。

长豇豆种子

菜用大豆 （vegetable soybean）

菜用大豆 [*Glycine max* (L.) Merr.] 又名大豆、毛豆、黄豆、枝豆，古称菽。豆科 (Leguminosae) 大豆属一年生草本植物，染色体数 $2n=2x=40$。原产中国，喜温。用种子繁殖。以嫩种子、豆芽供食。长江流域、西南各地及台湾普遍栽培。

植物学特征：根系发达，再生力弱，具根瘤。茎直立或半直立，被灰白或黄褐色茸毛。三出复叶，互生，小叶椭圆、卵圆、披针或心脏形，叶面被茸毛或无。短总状花序，花白色或紫色，自花授粉。荚果，矩形，扁平，嫩荚黄绿色，密布灰白或棕色茸毛，内含种子1～4粒。种子圆球形、椭圆形、扁圆形，长约10.0mm，宽5.0～8.0mm，嫩种子黄绿色，成熟后转黄、绿、紫、褐或黑色，种脐明显、椭圆形。种子大小因品种不同而异，千粒重100.0～500.0g，种子发芽力一般可保持4～5年。

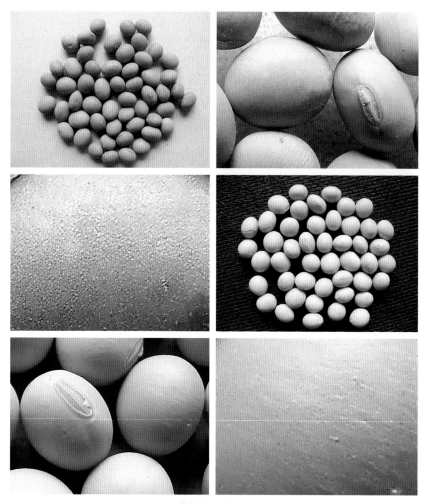

菜用大豆种子

豌 豆 （vegetable pea）

　　豌豆（*Pisum stivum* L.）又名荷兰豆（软荚豌豆）、青斑豆、麻豆、青小豆、淮豆、麦豆、雪豆，古称鹐豆。豆科（Leguminosae）豌豆属一年生或二年生攀缘性草本植物，染色体数2*n*=2*x*=14。原产亚洲西部、地中海地区和埃塞俄比亚、小亚细亚西部及外高加索，伊朗、土库曼斯坦为第二原产地。喜冷凉，干燥。用种子繁殖。以嫩荚、嫩种子、嫩梢及幼苗供食。各地均有栽培。

　　植物学特征：直根系，具根瘤。茎直立或蔓生，断面圆形，中空。羽状复叶，互生，有小叶1～3对，具卷须。短总状花序，腋生，花白、粉红或紫红色，自花授粉。荚果，圆棍状或扁长形，弯曲或稍直，先端斜急尖，内含种子少则4～5粒，多则7～11粒。软荚类型内果皮柔嫩可食，成熟后荚不开裂；硬荚类型内果皮具羊皮纸状透明革质膜，不可食，一般只食嫩豆粒，老熟后荚开裂。种子圆球形，直径6.81～8.81mm，嫩种子一般青绿色，成熟种子白、黄、绿、紫、黑或褐色，表面皱缩或光滑。千粒重325.0g左右。种子发芽力一般可保持2～3年，生产上多用采后第1～2年的种子。

豌豆（软荚豌豆）种子

蚕豆 (broad bean)

　　蚕豆（*Vicia faba* L.）又名罗汉豆、胡豆、佛豆、寒豆、马齿豆。豆科（Leguminosae）野豌豆属一、二年生草本植物，染色体数$2n=2x=12$。原产近东地区，也有学者认为原产亚洲西南至非洲北部地区。喜温凉，不耐热，较耐寒。用种子繁殖。以嫩种子、豆芽供食。长江以南及台湾多有栽培。

　　植物学特征：主根强壮，具根瘤。茎直立，四棱状、中空，绿或紫红色，分枝力强。偶数羽状复叶，互生，具小叶2～8片，小叶椭圆形或倒卵形，全缘，无毛。短总状花序，花白、紫、紫红、浅紫或紫褐色，多为自花授粉（异交率20%～30%）。荚果，嫩荚绿色，成熟荚黑或褐色，内含种子2～7粒。种子肾形、扁平，嫩种子青绿色，成熟后乳白、青绿、肉红、褐或紫色，种脐黑色。千粒重640.0～1 700.0g，种子发芽力一般可保持2～3年，最长可达6～7年。

蚕豆种子（陈种子、嫩豆粒和新种子）

扁 豆 (lablab)

扁豆 [*Lablab purpureus* (L.) Sweet] 又名藊豆、眉豆、蛾眉豆、火镰扁豆、沿篱豆、肉豆、龙爪豆、鹊豆、藤豆、膨皮豆。豆科 (Leguminosae) 扁豆属多年生或一年生缠绕性草本植物，染色体数 $2n=2x=22$。原产印度或东南亚。喜温暖，较耐热。用种子繁殖。以嫩荚供食。各地多有零散栽培，南方尤多。

植物学特征：直根系，具根瘤。茎蔓生或矮生（直立或匍匐），多分枝。三出复叶，互生，小叶阔卵圆形，全缘。总状花序，腋生，花白或紫色，自花授粉。荚果，长圆状镰形，扁平肥大，直或稍弯曲，背腹线发达，先端有弯曲的尖喙，嫩荚绿、绿白、紫红或深紫色，光滑或具短毛；成熟荚革质、黄褐色，每荚有种子3 ~ 6粒。种子长椭圆形至矩圆形，略扁，长6.15mm、宽8.10mm、厚6.75mm，白、紫黑、暗红、茶褐或褐色，种脐线形、白色，种脊明显。千粒重300.0 ~ 606.0g，种子发芽力一般可保持2 ~ 4年。

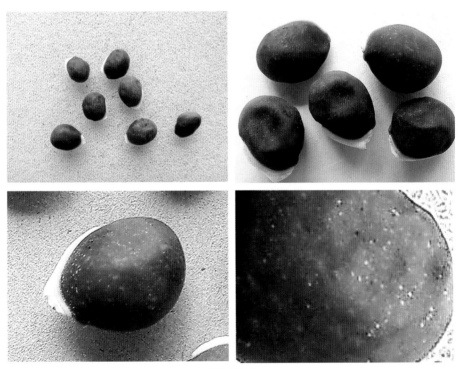

扁豆种子

莱 豆 （lima bean）

　　莱豆（*Phaseolus lunatus* L.）主要分小莱豆（雪豆）（*P. lunatus* L.）和大莱豆（利马豆）（*P. limensis* Macf.），又名雪豆、利马豆、棉豆、金甲豆、皇帝豆、白扁豆、香豆、大白芸豆。豆科（Leguminosae）莱豆属一年或多年生缠绕性草本植物。染色体数 $2n=2x=22$。原产南美洲热带地区。喜温，对低温、霜冻敏感，不耐高温。用种子繁殖。以嫩豆粒供食。长江以南地区有栽培。

　　植物学特征：直根肥大，具较多根瘤。茎蔓生或矮生。三出复叶，互生，小叶卵圆至披针形，全缘，具茸毛。总状花序，腋生，花浅绿色，偶为紫色或黄白色，自花授粉（自然杂交率可高达18%～20%）。荚果，镰状长圆至长椭圆形，扁平，稍有弯曲，先端具喙，内含种子2～6粒。种子近菱形或肾圆、扁肾圆、扁圆形，粒长1.00～3.00cm，白、微紫、红色或白底带红、紫、黑色斑点及斑纹，种脐白色、凸起，种脐至种脊具半透明的放射状线。千粒重450.0～2 000.0g。

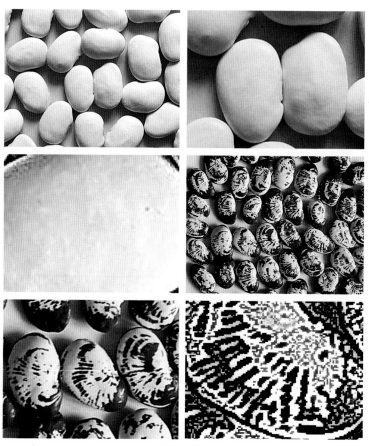

莱豆种子

刀 豆 （sword bean）

刀豆（*Canavalia* spp.）有蔓生刀豆 [*Canavalia gladiata* (Jacq.) DC.] 和矮生刀豆 [*C. ensiformis* (L.) DC.] 两个种，又名大刀豆、关刀豆、洋刀豆，古名挟剑豆。豆科（Leguminosae）刀豆属亚灌木状一年生缠绕性草本植物，染色体数 $2n=2x=22$。原产西印度、中美洲和加勒比海地区。喜温，要求较高温度。用种子繁殖。以嫩荚供食。华南、西南及江浙等地有栽培。

植物学特征：根系发达，多根瘤菌。茎蔓生或矮生。三出复叶，互生，小叶较大，先端渐尖，卵圆形或楔形，被柔毛，全缘。总状花序，腋生，花白、粉红、浅红或浅紫色。荚果，长而宽，矩圆舌状或宽带状，扁平，稍弯曲，先端有钩状短喙，边缘具突出的隆脊，嫩荚绿色，成熟时草黄色，内含种子8～20粒。种子长圆至椭圆形或肾圆形，长29.10mm、宽20.00mm、厚13.00mm（矮生刀豆），白或红褐色，种皮厚，种脐长，可达1.5cm。千粒重约3 400.0g（矮生刀豆）。

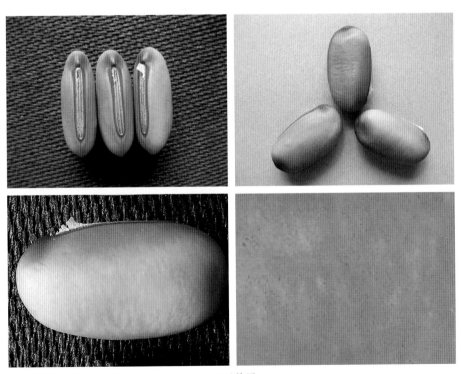

刀豆种子

多花菜豆 (scarlet runner bean)

多花菜豆（*Phaseolus coccineus* L.）又名红花菜豆、荷包豆、大白芸豆、大花芸豆、赤花蔓豆、龙爪豆、看花豆。豆科（Leguminosae）菜豆属多年生缠绕性草本植物，常作一年生蔬菜栽培。染色体数$2n=2x=22$。原产中南美洲。喜凉爽、湿润，较耐寒。用种子繁殖。以嫩荚、鲜种子、块根供食。西南和陕西等地有栽培。

植物学特征：根圆锥形，可形成块根。茎粗壮，略有棱，被白或棕色短茸毛，中空。三出复叶，互生，小叶卵圆或阔菱形，全缘。总状花序，花红、紫红或白色，常异花授粉。荚果，镰状长圆形，饱满，稍弯曲，嫩荚绿色，成熟后褐色，少有黄白或墨绿色，光滑或被茸毛，内含种子2～4粒。种子宽肾形或宽椭圆形，长1.80～2.40cm，宽1.10～1.50cm，光滑，种皮白、红、紫、黑色或紫色底带黑花纹，或黑色底带紫花纹，种脐长圆形，较大，白色。千粒重800.0～1 400.0g。北方常温下贮藏3年，种子发芽率可保持85%以上。

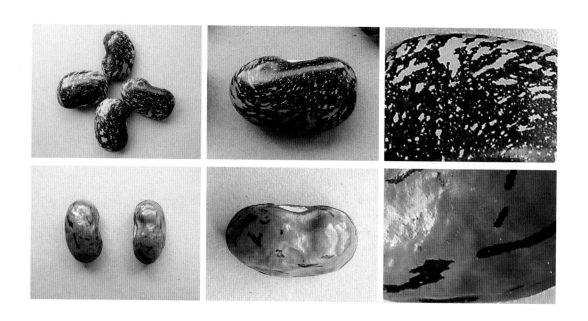

多花菜豆种子

四棱豆 （winged bean）

四棱豆［*Psophocarpus tetragonolobus* (L.) DC.］又名四稜豆、翼豆、翅豆、四角豆、杨桃豆、热带大豆。豆科（Leguminosae）四棱豆属一年生或多年生缠绕性草本植物。染色体数$2n=2x=18$。原产热带非洲和东南亚，喜高温、多湿，但块根发育需凉爽。用种子、块根或枝条扦插繁殖。以嫩荚、嫩叶、块根、花、种子供食。华南、云南及台湾等地多有栽培。

植物学特征：根系发达，具根瘤，有块根。茎蔓生或矮生（直立丛生）。三出复叶，互生，小叶卵圆形，先端渐尖，叶面光滑，茎叶绿、绿紫或紫红色。总状花序，花白色或淡蓝色，天然异交率7%～36%。荚果，四棱形，有4条纵向棱翼，锯齿、裂齿状或波浪状，嫩荚黄绿、绿或桃红、紫色，有的品种翼色与荚色不同，成熟荚深褐色，内含种子5～20粒。种子近圆球形，直径0.6～1.0cm，白、浅绿、黄、褐、深紫、黑色或具花斑，有光泽，种脐长椭圆形。千粒重250.0～540.0g。

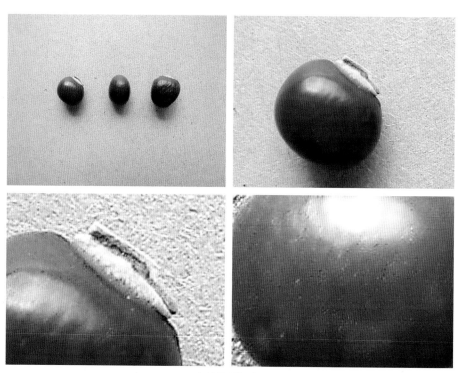

四棱豆种子

藜豆 (velvet bean)

藜豆[*Stizolobium capitatum* Kuntze 或 *Mucuna pruriens* (L.) DC. var. *utilis* (Wall. ex Wight) Baker ex Burck]、黄毛藜豆（*Stizolobium hassjoo* Piper et Tracy 或 *Mucuna bracteta* DC.），又名鼍豆、狸豆、猫爪豆、猫猫豆、狗爪豆、毛狗豆、小狗豆、狗儿豆、龙爪豆、毛毛豆、毛胡豆、虎豆、八升豆。豆科（Leguminosae）藜豆属（*Stizolobium* P. Br.）或藤豆属（*Mucuna* Adans.）一年生或多年生缠绕性草本植物。染色体数$2n=2x=22$。原产亚洲南部（包括中国），喜温、喜湿、喜强光。用种子繁殖。以嫩荚、老熟豆粒供食。四川、云南、贵州、广西、湖南、湖北、安徽等地有栽培。

植物学特征：直根系，发达，肉质。茎丛生或蔓生。三出复叶，互生，小叶卵圆形，被白色疏毛。总状花序，腋生，花白紫、红、紫、浅绿至黄色或青白色，天然异交率低。荚果，圆筒状，先端稍弯曲，具喙，嫩荚绿色，密被灰、白或浅褐色茸毛，老熟后荚壳干硬、短缩，转为黑色，内含种子3～5粒。种子较大，近圆球、椭圆或矩圆形，粒径约1.2cm，灰白、淡黄褐、浅橙、黑色或具白底褐色条纹，或大理石色，种脐明显，长可达4mm，浅黄白色，四周有凸起的假种皮。千粒重1 100.0～1 700.0g。

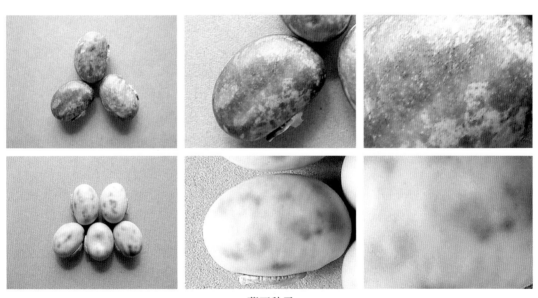

藜豆种子

鹰嘴豆 （chick peas）

　　鹰嘴豆（*Cicer arietinum* Linn.）又名鸡头豆、桃豆、脑豆子、回回豆、回鹘豆。豆科（Leguminosae）鹰嘴豆属一年生草本植物。染色体数$2n=2x=16$。起源于中亚及印度起源中心，喜温。用种子繁殖。以种子、叶片供食。西北及内蒙古、云南等地有少量栽培。

　　植物学特征：主根发达，具根瘤。茎直立、半直立或披散、半披散，多分枝。羽状复叶，互生，小叶卵形，前部叶缘具锯齿。单花，腋生，花白、粉红、浅绿蓝或紫色。荚果，卵圆至扁菱形，长约2.0cm，宽1.0cm，幼时绿色，成熟后淡黄色，被白色短柔毛和腺毛，内含种子1～4粒。种子具喙状突起，形如鸡头或鹰头，长4～12mm，宽4～8mm，白、黄、褐、黄褐、红褐、黑或绿色，光滑或皱褶，种脐小，脐环呈白、红或黑色。千粒重100.0～750.0g。

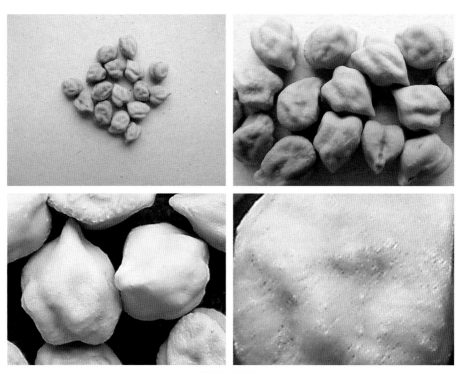

鹰嘴豆种子

七、瓜类蔬菜作物

蔬 · 菜 · 作 · 物 · 种 · 子 · 图 · 册

黄　瓜 (cucumber)

　　黄瓜（*Cucumis sativus* L.）又名胡瓜、王瓜，古称胡瓜、莉瓜。葫芦科（Cucurbitaceae）黄瓜属一年生攀缘性草本植物。染色体数 $2n=2x=14$。原产喜马拉雅山南麓的印度北部地区。喜温，不耐寒，不耐高温。用种子繁殖。以嫩果供食。各地普遍栽培。

　　植物学特征：浅根系。茎蔓细，有纵棱，具毛刺。单叶，互生，五角掌状或心形，被茸毛或无，叶节具卷须。花腋生，黄色，一般为雌、雄异花同株，雌花常单生，雄花簇生，异花授粉。假果，由子房与花托合并形成，短圆筒、长圆筒或长棒形，表面光滑或具棱、瘤、刺。嫩果白至绿色，被蜡质，瘤刺白或黑色；成熟果黑刺品种多呈黄白至棕黄色，大多具网纹；白刺品种多呈黄白色，一般无网纹。种子披针形，扁平，长10.00mm、宽4.25mm、厚1.40mm，黄白色，每果有种子150～400粒，千粒重22～42g。种子发芽力一般可保持4～5年，生产上多用采后第1～3年的种子。

黄瓜种子

冬瓜（*Benincasa hispida* Cogn.）又名东瓜，古称蔬蓏、水芝。葫芦科（Cucurbitaceae）冬瓜属一年生攀缘性草本植物。染色体数$2n=2x=24$。原产中国和东印度，喜温、耐热。用种子繁殖。以果实供食。各地均有栽培。

植物学特征：根系发达。茎蔓生，具五条纵棱，密被茸毛，中空，茎节有卷须。叶互生，掌状，被银白色茸毛。花腋生，黄色，一般为雌、雄异花同株，少数为两性、雄性花同株，异花授粉。瓠果，扁圆、短圆柱至长圆柱形，浅绿至墨绿色，被茸毛，具白色蜡粉或无。种子扁平，近椭圆形，长9.25mm、宽5.15mm、厚3.10mm（青皮冬瓜），种脐一端稍尖，淡黄白色，光滑或边缘突起。千粒重36.0～100.0g。种子发芽力一般可保持2～3年，生产上多用采后第1～2年的种子。

冬瓜种子

节 瓜 (chieh-gua)

　　节瓜（*Benincasa hispida* var. *chieh-qua* How.）又名毛瓜。葫芦科（Cucurbitaceae）冬瓜属一年生攀缘性草本植物。染色体数$2n=2x=24$。原产中国和东印度。喜温暖，耐热。用种子繁殖。以嫩果实供食。主产华南及台湾等地。

　　植物学特征：根系较发达。茎蔓生，具五条纵棱，被茸毛，中空，茎节具卷须。叶互生，掌状，被茸毛。花腋生，黄色，雌、雄异花同株，异花授粉。瓠果，短圆柱至长圆柱形；嫩果绿色，具星状绿白点，密被茸毛；成熟果具白色蜡粉或无，茸毛多脱落；每果含种子500～800粒。种子扁平，近椭圆形，长10.75mm、宽5.10mm、厚2.00mm，种孔一端稍尖，淡黄白色，边缘突起。千粒重30～43g。

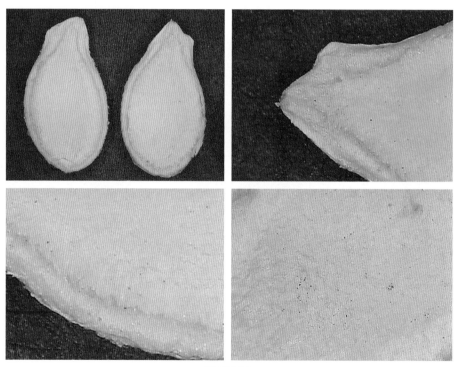

节瓜种子

南　瓜 (pumpkin)

南瓜（*Cucurbita moschata* Duch.ex Poir.）又名中国南瓜、倭瓜、番瓜、中国番瓜、饭瓜。葫芦科（Cucurbitaceae）南瓜属一年生蔓性草本植物。染色体数 $2n=2x=40$。原产墨西哥和中南美洲。喜温，不耐低温与霜冻。用种子繁殖，以果实供食。各地普遍栽培。

植物学特征：根系发达。茎五棱形，被粗刚毛或软毛，中空，蔓生、半蔓生或矮生。叶互生，掌状，叶面沿叶脉有白斑或无，被柔毛，叶柄具刚毛。花腋生，筒状，黄色，雌、雄异花同株，异花授粉。瓠果，圆筒、圆球、扁圆、椭圆形或长棒槌形等，果面平滑，或有瘤状突起，或有明显棱线、瘤棱、纵沟；嫩果绿、灰或乳白色，间有深绿、浅灰或赭红色的斑纹或条纹；成熟果赭黄、黄或橙红色，多蜡粉；梗基座膨大呈喇叭形（五角形）。种子扁平，近椭圆形，长15.20mm、宽8.40mm、厚2.30mm，灰白至黄褐色，边缘薄。个别品种种子为裸仁。千粒重50～245g。种子发芽力一般可保持5～6年，生产上多用采后第1～3年的种子。

南瓜种子

笋 瓜 （winter squash）

　　笋瓜（*Cucurbita maxima* Duch. ex Lam.）又名印度南瓜、玉瓜、北瓜、搅瓜、印度番瓜。葫芦科（Cucurbitaceae）南瓜属一年生蔓性草本植物。染色体数$2n=2x=40$。原产智利、玻利维亚和阿根廷。喜温，不耐低温与霜冻。用种子繁殖。以果实供食。各地普遍栽培。

　　植物学特征：根系发达。茎五棱形，被粗刚毛或软毛，中空，蔓生或矮生。叶圆形，叶面被粗毛，多数品种叶面无白斑。花腋生，钟状，黄色，雌、雄异花同株，异花授粉。瓠果，多为椭圆形、圆球形、近纺锤形，果面平滑，无蜡粉；嫩果白、灰、黄或绿色，成熟果白、淡黄、金黄、橘红、绿至墨绿色或带浅色条斑或斑点；果梗基座不膨大或稍膨大。种子扁平，近椭圆形，长17.10mm、宽10.20mm、厚3.10mm，白或浅黄褐色，边缘钝或突起。千粒重125～350g。种子发芽年限5～6年，生产上多用采后第1～3年的种子。

笋瓜种子

西葫芦 （summer squash）

西葫芦（*Cucurbita pepo* L.）又名美洲南瓜、蔓瓜、白瓜、香瓜、美洲番瓜。葫芦科（Cucurbitaceae）南瓜属一年生矮性或蔓性草本植物。染色体数$2n=2x=40$。原产北美洲南部，喜温，对低温适应能力强，不耐高温。用种子繁殖。以果实供食。各地均有栽培。

植物学特征：根系发达。茎矮生、半蔓生或蔓生。叶互生，掌状深裂，叶面被刺毛，有的品种近叶脉处有白斑。花腋生，钟形，黄色，雌、雄异花同株，异花授粉。瓠果，圆球、椭圆、长圆柱、碟形或葫芦形等，果面光滑或有浅棱；嫩果白、白绿、金黄、深绿、浅绿、墨绿色或具白绿相间深浅不一的条纹或花斑；成熟果多橘黄色，也有白、乳白、黄、橘红色或黄绿相间等色，无蜡粉；果梗基座稍扩张。种子扁平，近椭圆形，长13.70mm、宽7.30mm、厚2.10mm，种皮光滑，灰白或黄褐色，边缘突起且钝。千粒重130～200g。种子发芽年限一般为4～5年，生产上多用采后第2～3年的种子。

西葫芦种子

西 瓜 (watermelon)

西瓜 [*Citrullus lanatus* (Thunb.) Matsum. et Nakai] 又名水瓜、寒瓜、夏瓜、青登瓜。葫芦科（Cucurbitaceae）西瓜属一年生蔓性草本植物。染色体数 $2n=2x=22$，$2n=3x=33$。原产非洲，喜温暖、干燥，耐热、不耐寒。用种子繁殖。以成熟果实供食。主产华北、长江中下游地区。

植物学特征：根系深广，再生力弱。茎中空，被长茸毛。叶互生，羽状深裂（基生叶龟盖状），被茸毛。花腋生，黄色，雌、雄异花同株，异花授粉，部分品种为两性花。瓠果，圆球、高圆、短圆筒或长圆筒形，绿、白、深绿、黑色或有花纹（宽条或窄条），瓜瓤红、粉、黄、橙黄或白色。种子扁平，宽卵圆形或矩形，（大粒种子）长12.32mm、宽7.81mm、厚2.31mm，（小粒种子）长8.12mm、宽4.73mm、厚2.12mm；白、褐、黄褐、深褐、黑或红色，表面平滑或有裂纹，有的具有黑色麻点或边缘具黑斑；种皮较厚而硬，无胚乳。千粒重一般为40～60g，小粒种子20～25g，大粒种子41～150g。种子发芽年限一般为5年，生产上多用采后第2～3年的种子。

西瓜种子

薄皮甜瓜 （oriental melon）

薄皮甜瓜主要指香瓜（*Cucumis melo* L. var. *makuwa* Makino）等，又名东方甜瓜、普通甜瓜。葫芦科（Cucurbitaceae）甜瓜属一年生蔓性草本植物。染色体数$2n=2x=24$。原产中部非洲热带地区，中国、日本、朝鲜为东亚薄皮甜瓜第二原产地。喜温暖。用种子繁殖。以成熟果实供食。各地均有栽培。

植物学特征：根系发达。茎蔓生，被刺毛。单叶，掌状或五裂，互生。花腋生，钟状，黄色，大多为雄花、两性花同株，少数为雌、雄异花同株，异花授粉。瓠果，圆球、椭圆、卵圆或牛角形，金黄、白或绿色，果面光滑或有棱沟，皮薄、肉薄，易裂，具芳香味。种子扁平，椭圆、披针或芝麻粒形，长7.00mm、宽3.30mm、厚1.40mm，黄、土黄、灰白或褐红色。千粒重8～25g。种子发芽年限一般为5～6年，生产上多用采后第2～3年的种子。

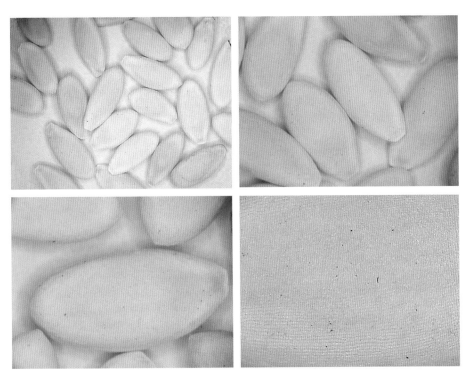

薄皮甜瓜种子

厚皮甜瓜 (melon)

　　厚皮甜瓜主要指网纹甜瓜 (*Cucumis melo* L. var. *reticulatus* Naud.) 等, 又名洋香瓜、香瓜、蜜瓜、果瓜。葫芦科 (Cucurbitaceae) 甜瓜属一年生蔓性草本植物。染色体数 $2n=2x=24$。原产中部非洲热带地区, 中国新疆为中亚厚皮甜瓜第二原产地之一。喜温暖。用种子繁殖。以成熟果实供食。主产西北和内蒙古西部地区。

　　植物学特征: 根系发达。茎蔓生, 被刺毛。单叶, 近圆、钝五角或心脏形, 互生。花腋生, 钟形, 黄色, 大多为雄花、两性花同株, 异花授粉。瓠果, 圆球、椭圆、梨或筒形, 白、黄、绿色或花皮, 果面光滑或具网纹、裂纹、棱沟。种子椭圆、披针或芝麻粒形, 长10.20mm、宽4.10mm、厚1.31mm, 乳白、黄或紫红色。千粒重25~80g。种子发芽年限一般为5~6年, 生产上多用采后第2~3年的种子。

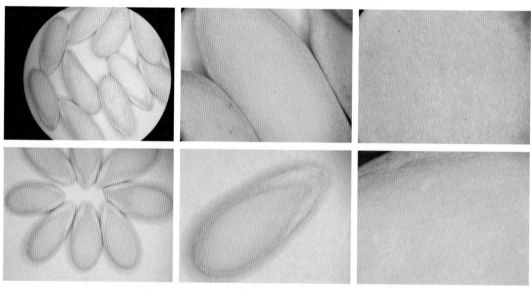

厚皮甜瓜种子

越 瓜 (oriental pickling melon)
和 菜 瓜 (snake melon)

　　越瓜（*Cucumis melo* L. var. *conomon* Makino ）又名梢瓜、脆瓜、酥瓜、白瓜，菜瓜（*C. melo* L. var. *flexuosus* Naud.）又名老羊瓜、蛇甜瓜、酱瓜。葫芦科（Cucurbitaceae）甜瓜属一年生蔓性草本植物。染色体数 $2n=2x=24$。原产中部非洲的热带地区，喜温、耐热。用种子繁殖。以果实供食。菜瓜多在北方栽培，越瓜则以南方栽培较多。

　　植物学特征：根系浅。茎具纵棱。单叶，互生，近圆或心脏形，浅裂，叶柄被茸毛。花腋生，钟形，黄色，大多为雄花、两性花同株，少数为雌、雄异花同株，异花授粉。瓠果，越瓜圆筒或棍棒形，果肉酥松；菜瓜棒状，长弯曲，果肉致密；果面光滑，嫩果浅绿至绿色或带深色条纹，成熟果灰白、黄或绿色，多具香味，微甜。种子近披针形，扁平，淡黄白色。千粒重15 ～ 19g。

菜瓜种子

丝 瓜 (luffa)

丝瓜有普通丝瓜[*Luffa cylindrica* (L.) M. J. Roem.]和有棱丝瓜[*L. acutangula* (L.) Roxb.]两个种，又名圆筒丝瓜、蛮瓜、水瓜、胜瓜、棱角丝瓜。葫芦科 (Cucurbitaceae) 丝瓜属一年生攀缘性草本植物。染色体数2*n*=2*x*=26。原产热带亚洲。喜温、耐热。用种子繁殖。以嫩果供食。华南及长江流域栽培较多，北方也有栽培。

植物学特征：根系发达。茎蔓生，具五条纵棱。叶互生，掌状或心脏形，3～7裂。花腋生，黄色，雌、雄异花同株，雄花花序总状，雌花多单生，异花授粉。瓠果，普通丝瓜短圆柱形至长棒状，果面粗糙，有数条墨绿色浅纵沟；有棱丝瓜多呈棒状，果面有皱纹，通常具10棱；嫩果绿色，棱绿或墨绿，成熟果黄褐色。种子扁平，近椭圆形；有棱丝瓜长12.00mm、宽7.40mm、厚3.20mm，种皮较厚，黑色，表面多具网纹，千粒重120～180g；普通丝瓜长12.75mm、宽8.25mm、厚2.90mm，种皮较薄，表面平滑，边缘具狭翼，黑或白色，千粒重100～220g。种子发芽年限一般为5年，生产上多用采后第1～2年的种子。

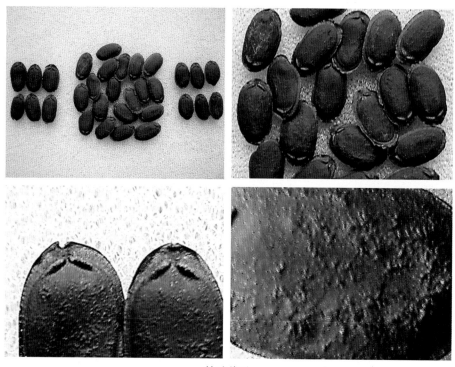

丝瓜种子

苦 瓜 (bitter ground)

　　苦瓜（*Momordica charantia* L.）又名凉瓜、锦荔枝、癞葡萄。葫芦科（Cucurbitaceae）苦瓜属一年生攀缘性草本植物。染色体数$2n=2x=22$。原产亚洲热带。喜温暖，耐热，不耐低温。用种子繁殖。以嫩果实、嫩梢及叶片供食。南方栽培较多，北方也有种植。

　　植物学特征：根系较发达。茎蔓生，具五条纵棱，被茸毛。叶互生，掌状深裂。花单生于叶腋，黄色，雌、雄异花同株，异花授粉。果实短圆锥至长圆锥、圆筒或纺锤形，果面浓绿、绿、绿白和白色，有10条纵向瘤状突起，成熟时果面转橙黄色，果肉开裂。种子盾形，长12.66mm、宽7.12mm、厚3.65mm，黄褐色，具有突起的不规则云状斑纹，种皮较厚，外有鲜红色肉质组织包裹，味甜，可食用，千粒重139～180g。

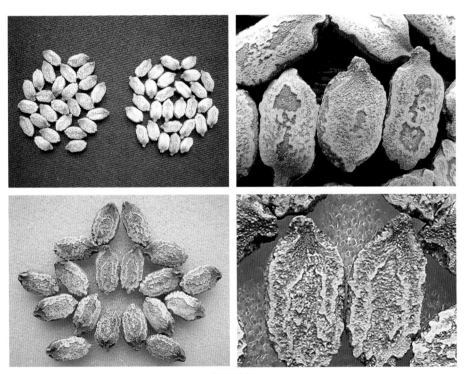

苦瓜种子

七、瓜类蔬菜作物 ■ 67

瓠 瓜 (bottle gourd)

瓠瓜 [*Lagenaria siceraria* (Molina) Standl.] 又名扁蒲、夜开花、蒲瓜、葫芦, 古称瓠、壶卢、匏。有瓠子 (var. *clavata* Hara)、长颈葫芦 (var. *cougourda* Hara)、圆扁蒲 (大葫芦) [var. *depressa* (Ser.) Hara]、细腰葫芦 [var. *gourda*(Ser.) Hara] 4个变种。葫芦科 (Cucurbitaceae) 葫芦属一年生攀缘性草本植物。染色体数$2n=2x=22$。原产赤道非洲南部低地。喜温暖、湿润。用种子繁殖。以嫩果供食。各地均有栽培, 尤以南方较多。

植物学特征: 根系浅。茎蔓生, 具五纵棱, 密被茸毛。叶互生, 心脏形或近圆形, 叶缘齿状, 浅裂, 密被柔软茸毛。花单生, 白色, 异花授粉。瓠果, 短圆柱至长圆柱形或葫芦形; 嫩果绿、淡绿或具绿色斑纹, 被茸毛; 成熟果黄褐色, 茸毛脱落; 果皮坚硬。种子扁平, 形态差异较大, 有卵圆、纺锤、尖三角形等, 一般长12.00mm、宽6.00mm、厚2.25mm, 白至浅灰褐色, 边缘被茸毛, 种皮较厚。种子千粒重86～170g。种子发芽年限一般为5～6年, 生产上多用采后第1～3年的种子。

细腰葫芦种子

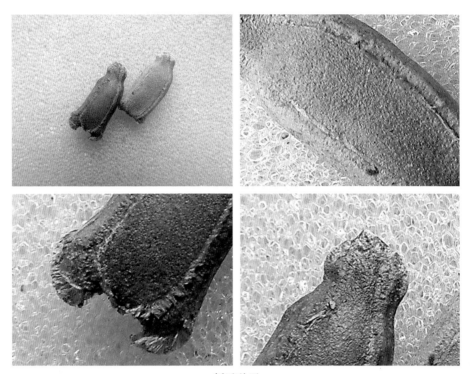

瓠瓜种子

佛手瓜 （chayote）

　　佛手瓜 [*Sechium edule*（Jacq.）Swartz] 又名隼人瓜、菜肴梨瓜、梨瓜、佛掌瓜、合掌瓜、拳头瓜、福寿瓜、香橼瓜、万年瓜、瓦瓜。葫芦科（Cucurbitaceae）佛手瓜属多年生宿根性蔓性植物，常作一、二年生或多年生栽培。染色体数 $2n=2x=26$。原产南墨西哥及中美洲和西印度群岛。喜温，根系不耐寒。以种瓜、块根繁殖或茎段扦插繁殖。以嫩果、嫩梢、块根供食。西南、华南、华北（部分地区）及台湾等地多有栽培。

　　植物学特征：根具须根和块根。茎分枝力强，卷须粗大。叶互生，掌状三角形，全缘。花腋生，钟形，淡黄色，雌、雄异花同株，雄花序总状，雌花单生，异花授粉。果实梨形或圆锥形，绿或淡绿色，表面粗糙，有明显的5条纵沟和瘤状凸起，被刚刺或无，内含种子一枚。种子扁平，纺锤形，长约4cm，种皮肉质膜状，成熟时与果肉紧密贴合，不易分离。由于种皮没有控制种子水分损失的功能，如种子脱离果肉则极易丧失发芽力。

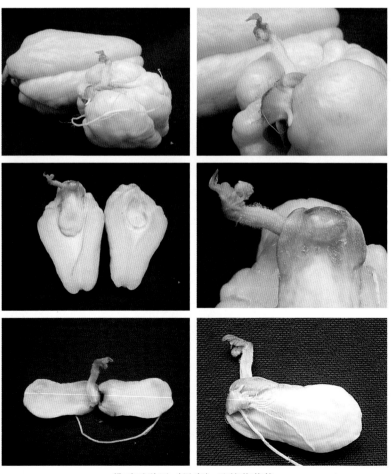

佛手瓜种子（果实）及其萌芽状

蛇 瓜 (snake gourd)

　　蛇瓜（*Trichosanthes anguina* L.）又名蛇丝瓜、蛇豆、长豆角、毛乌瓜。葫芦科（Cucurbitaceae）栝楼属一年生攀缘性草本植物。染色体数 $2n=2x=22$。原产印度、马来西亚。喜温暖，耐热、不耐寒。用种子繁殖。以嫩果、嫩茎叶供食。各地有零星栽培，云南元江有较大面积种植。

　　植物学特征：根系发达。茎蔓细长，具五条纵棱。叶掌状深裂，被茸毛。花腋生，白色，花瓣末端丝裂并卷曲，雌、雄异花同株，雄花多为总状花序，异花授粉。瓠果，长棒状，末端弯曲，形似蛇，少数品种短棒状；果面灰白色，近果柄处有数条绿色条纹，光滑无毛，具蜡质，成熟果浅红褐色。种子扁平，近盾形，具明显的与边缘平行的圈沟纹，浅褐色。千粒重200 ~ 250g。

蛇瓜种子

黑籽南瓜 （fig leaf gourd）

　　黑籽南瓜（*Cucurbita ficifolia* Bouché）又名米线瓜、绞瓜（云南）。葫芦科（Cucurbitaceae）南瓜属多年生蔓性草本植物。染色体数$2n=2x=40$。原产中南美洲高原。喜温，不耐低温与霜冻。用种子繁殖。多用作黄瓜嫁接栽培的砧木，果实可供食。云南等地有栽培。

　　植物学特征：根系强大。茎断面圆形，分枝力强。叶互生，圆形，深裂，具刺毛。花腋生，黄或橘黄色，萼筒短，有细长的裂片，雌、雄异花同株，异花授粉。瓠果，椭圆形，果皮硬，深绿和浅绿或绿和黄绿条纹或斑块相间，还常带有白色条纹或斑块；果肉白色，多纤维；梗基座稍膨大。种子扁平，有窄薄边，黑色，有光泽。千粒重250g左右。

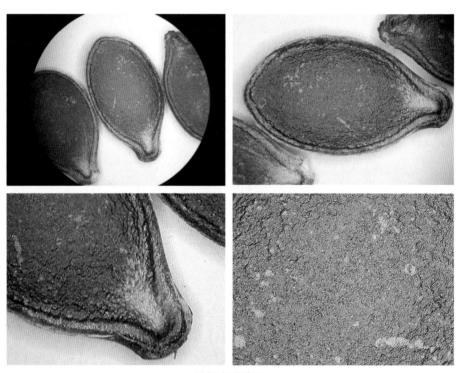

黑籽南瓜种子

八、葱蒜类蔬菜作物

蔬 · 菜 · 作 · 物 · 种 · 子 · 图 · 册

韭 （Chinese chives）

　　韭主要有叶韭（*Allium tuberosum* Rottl. ex Spr.）和根韭（*A. hookeri* Thwaites）两个种，又名韭菜、懒人菜、起阳草、草钟乳。百合科（Liliaceae）葱属多年生宿根性草本植物。染色体数 $2n=4x=32$。原产中国。喜冷凉，耐低温，不耐高温。用种子或分株繁殖。以嫩叶、假茎（韭白）、花茎（花薹）、花苞（花序）、肉质根供食。各地均有栽培。

　　植物学特征：须根系，弦线状（或肉质化）。茎短缩成盘状（鳞茎盘），可分蘖，其下形成葫芦状根状茎，花茎（薹）细长。叶扁平、带状，被蜡粉。伞形花序，顶生，花白色，异花授粉。蒴果，倒卵形，初呈绿色，成熟时转黄褐色，子房3室，每室含种子2粒，成熟时种子易脱落。种子盾形，平均长3.10mm、宽2.10mm、厚1.25mm，黑色，背面较突出、腹面稍凹陷，表面细皱纹较洋葱、大葱等更稠密，蜡质层较厚而坚实，不易透水。千粒重3.4～6.0g。种子发芽力可保持1～2年，使用寿命1年，生产上应采用新种子。

韭菜种子

大　葱 (welsh onion)

　　大葱（*Allium fistulosum* L. var. *giganteum* Makino）又名青葱、汉葱、木葱。百合科（Liliaceae）葱属二、三年生草本植物。染色体数 $2n=2x=16$。原产中国西部及相邻的中亚地区。喜冷凉，较耐寒。用种子繁殖。以假茎（葱白）、嫩叶供食。各地多有栽培，北方尤为普遍，又以山东最为著名。

　　植物学特征：须根系，弦线状。茎短缩呈球状或扁球状。叶身长圆锥形、中空，叶鞘圆筒状，被蜡粉。假茎（俗称葱白）由叶鞘层层套合而成，棍棒状或基部较肥大，白色。伞形花序，顶生，花白色，异花授粉。蒴果，成熟后沿背缝线开裂并散出种子，内含种子6粒。种子盾形，平均长3.00mm、宽1.85mm、厚1.25mm，背部隆起，种皮黑色，有不规则细皱纹。千粒重2.4～3.4g，一般为2.9g左右。种子发芽力可保持1～2年，使用寿命1年，生产上应采用新种子。

大葱种子

洋　葱 (onion)

　　洋葱（*Allium cepa* L.）有普通洋葱（var. *cepa*）、分蘖洋葱(var. *aggregatum* G. Don)和顶球洋葱(var. *viviparum* Metz.)3个变种，又名葱头、圆葱。百合科（Liliaceae）葱属二年生草本植物。染色体数$2n=2x=16$。原产中亚。对温度适应性广，较耐寒。用种子、鳞茎繁殖。以鳞茎（葱头）供食。各地均有栽培。

　　植物学特征：普通洋葱须根系，弦线状。茎短缩为鳞茎盘（茎盘）。叶身圆筒状，中上部渐尖，深绿色，被蜡粉，中空，腹面具凹沟。叶鞘层层套合，基部肥厚，形成鳞茎（葱头），圆、扁圆或长椭圆形，外皮膜质，紫红、黄或白色；上部形成假茎，断面圆形，白绿色。伞形花序，顶生，花白色，异花授粉。蒴果，内含6粒种子。种子盾形，平均长3.00mm、宽2.01mm、厚1.50mm，断面为三角形，种皮黑色，有不规则细皱纹。千粒重3.0～4.0g。种子发芽力可保持1～2年，使用寿命1年，生产上应采用新种子。

洋葱种子

大 蒜 (garlic)

大蒜（*Allium sativum* L.）又名蒜、蒜头、蒜仔、胡蒜，古称葫。百合科（Liliaceae）葱属一、二年生草本植物。染色体数 $2n=2x=16$。原产欧洲南部与中亚。喜冷凉，较耐寒，喜湿。用鳞茎繁殖。以鳞茎（蒜头）、柔嫩假茎和嫩叶、花茎（花薹）供食。各地均有栽培。

植物学特征：须根系，弦线状，分布浅。茎短缩，盘状。叶互生，叶鞘管状套合，叶身扁平、带状，上部渐尖，被蜡粉。鳞茎（蒜头）由多枚鳞芽（蒜瓣）组成，圆球、扁圆球或圆锥形，白或紫红色。鳞芽（蒜瓣）近似半月形，一般单个重 4.0～6.0g。独头蒜（含一个鳞芽）圆球形。花茎（蒜薹）圆柱形，肉质，顶端着生伞形花序，一般不开花结实，只形成气生鳞茎。

大蒜繁殖材料——鳞茎与气生鳞茎

分 葱 (bunching onion)

　　分葱 (*Allium fistulosum* L. var. *caespitosum* Makino) 又名青葱、四季葱、菜葱，古称冬葱、冻葱。百合科 (Liliaceae) 葱属多年生草本植物，常作一年生或二年生蔬菜栽培。染色体数 $2n=2x=16$。原产亚洲西部。喜冷凉、湿润。用分株或种子繁殖。以假茎 (葱白)、嫩叶、鳞茎供食。华东及台湾等地有栽培。

　　植物学特征：须根系，弦线状。茎短缩，盘状。分蘖力强。叶身细管状，上部渐尖、呈锥形，被蜡粉，中空。叶鞘层层套合成假茎，较短，上部绿色，基部稍膨大 (鳞茎)，白色，成熟时外包膜质鳞片呈黄白色。不抽薹结实或抽薹结实。伞形花序，蒴果。种子盾形，黑色。

分葱繁殖材料——分蘖株和鳞茎
（引自《中国蔬菜作物图鉴》）

胡葱 (*Allium ascalonicum* L.) 又名火葱、蒜头葱、瓣子葱、肉葱，古称蒜葱、茴茴葱。百合科 (Liliaceae) 葱属二年生草本植物。染色体数 $2n=2x=16$。原产中亚，也有学者认为原产西亚。喜冷凉，较耐寒，不耐高温。用鳞茎或分株繁殖。以假茎、嫩叶及鳞茎供食。上海、浙江、西藏及台湾（中部）等地有栽培。

植物学特征：须根系，弦线状。茎短缩，盘状。分蘖力强。叶身管状，上部渐尖，呈锥形，被蜡粉，中空。叶鞘层层套合成假茎（葱白），白色，基部可形成小鳞茎，并簇生聚集成丛状莲花形（仅基部连接）；小鳞茎长约3.0cm，呈不规则卵圆、长卵圆或纺锤形，成熟时外包膜状鳞片，红褐色。伞形花序，顶生，花绿白或淡紫色，花器多退化，不易结实。

胡葱繁殖材料——鳞茎

细香葱 (chive)

　　细香葱（*Allium schoenoprasum* L.）又名香葱、细葱、虾夷葱。百合科（Liliaceae）多年生草本植物，常作二年生蔬菜栽培。染色体数 $2n=2x=16$。北美、北欧以及亚洲均有野生种。喜冷凉，耐寒。用分株或种子繁殖。以嫩叶、假茎供食。长江以南地区及大城市郊区多有栽培。

　　植物学特征：须根系，线状根。茎短缩，花茎细长，分蘖力较强。叶身细管状，上部渐尖，呈锥形，中空，被蜡粉。假茎（葱白）白色，基部不膨大，聚集连接不易分离。伞形花序，顶生，花淡紫色，不易结实。蒴果。种子盾形，稍狭长，背部隆起，种皮黑色，有不规则细皱纹。

细香葱种子

韭 葱 (leek)

　　韭葱（*Allium porrum* L.）又名扁叶葱、洋大蒜、洋蒜苗。百合科（Liliaceae）葱属二年生草本植物。染色体数 $2n=4x=32$。原产欧洲中南部。喜温和、湿润，耐寒，耐热。用种子、鳞茎繁殖。以假茎、花茎（花薹）、嫩苗供食。河北、安徽、湖北等地有栽培。

　　植物学特征：须根系，弦线状。茎短缩，盘状。花茎（花薹）粗大，圆柱形，实心。叶互生，叶身扁平、带状，上部渐尖，被蜡粉。假茎（葱白）白色，成株基部膨大，具鳞芽，但无鳞膜包被。伞形花序，顶生，花淡紫或粉红色，异花授粉。蒴果。种子盾形，平均约长3.00mm、宽2.00mm、厚1.35mm，具棱，黑色。千粒重2.8g左右。种子发芽力可保持1～2年，使用寿命1年，生产上应采用新种子。

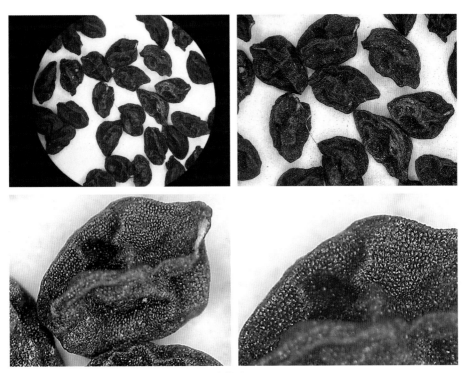

韭葱种子

楼　葱 (storey onion)

　　楼葱（*Allium fistulosum* L. var. *viviparum* Makino）又名龙爪葱、龙角葱。百合科（Liliaceae）葱属多年生草本植物。染色体数$2n=2x=16$。耐热、耐寒性一般。用分株或气生鳞茎繁殖。以假茎、嫩叶、气生鳞茎供食。局部地区有少量栽培。

　　植物学特征：须根系，弦线状。茎短宿，分株或不分株。叶身长圆锥形，中空，被蜡粉。假茎较短。花茎顶部的花器一般发育不全，也不结实，但可由花器形成若干小气生鳞茎，并发育成3～10个小葱株，小葱株可连续依次重复抽生花茎形成第二层、第三层小葱株。

楼葱繁殖材料——鳞茎和气生鳞茎

薤 (Chinese onion)

薤（*Allium chinense* G. Don）又名藠头、荞头、藠子、蕌荞。百合科（Liliaceae）葱属多年生宿根性草本植物，常作二年生蔬菜栽培。染色体数 $2n=4x=32$，$2n=3x=24$。原产中国。喜冷凉，较耐寒。用鳞茎繁殖。以鳞茎、嫩叶供食。云南、四川、浙江、江西、江苏、湖南、湖北、广西等地多有栽培。

植物学特征：须根系，弦线状。茎短缩，盘状。叶身细长，有3条不明显纵棱，断面三角形，中空，略被蜡粉。鳞茎纺锤形，白或灰白色带紫或浅紫色。伞形花序，顶生，花淡紫色，不易结实。

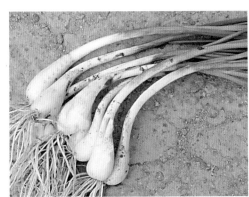

薤繁殖材料——鳞茎

蒙古韭 （mongolian onion）

　　蒙古韭（*Allium mongolicum* Regel）又名沙葱、胡穆利（蒙语）。百合科（Liliaceae）葱属多年生草本旱生植物。染色体数$2n=2x=16$。分布于蒙古国南部、俄罗斯、哈萨克斯坦及中国西北地区。喜温暖、干燥。用种子或分株繁殖。以嫩叶、花和种子供食。西北地区有少量栽培。

　　植物学特征：须根系。丛生。鳞茎圆柱状。叶圆柱或半圆柱形，上部渐尖，灰绿色，被灰色薄粉层，实心。伞形花序，顶生，花淡红、淡紫至紫红色。蒴果。种子黑色略带光泽。

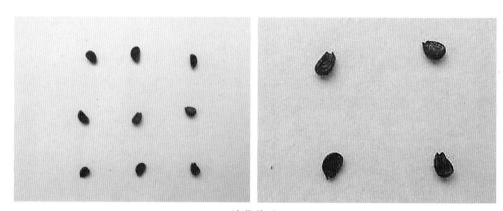

沙葱种子
（引自《中国蔬菜作物图鉴》）

大头蒜 （great-headed garlic）

　　大头蒜（*Allium ampeloprasum* L.）又名南欧蒜、西班牙大蒜。百合科（Liliaceae）葱属一、二年生草本植物。染色体数 $2n=4x=32$。原产欧洲南部和非洲北部。喜冷凉。用鳞茎繁殖。以幼株、嫩叶、蒜薹供食。南方有少量栽培。

　　植物学特征：与大蒜类似，但鳞茎（蒜头）和鳞芽（蒜瓣）比大蒜大，鳞茎具鳞芽 5~6枚，基部还着生有许多小鳞茎，也可用于繁殖。

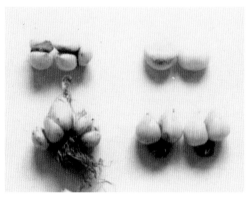

大头蒜（南欧蒜）繁殖材料——鳞茎
（引自《中国蔬菜作物图鉴》）

九、叶菜类蔬菜作物

菠 菜 （spinach）

菠菜（*Spinacia oleracea* L.）分有刺变种（var. *spinosa* Moench）和无刺变种（var. *inermis* Peterm），又名菠棱菜、波棱菜、赤根菜、角菜、波斯草。黎科（Chenopodiaceae）菠菜属一、二年生草本植物。染色体数$2n=2x=12$。原产波斯（伊朗）。喜冷凉，较耐寒。用种子繁殖。以嫩株或嫩茎叶供食。各地普遍栽培。

植物学特征：直根发达。根出叶戟形或卵形，茎生叶（花茎叶）较小。花单性，雌雄异株，少数雌雄同株，少有两性花；雄花穗状复总状花序，顶生于花茎或簇生于花茎叶腋，无花瓣；雌花簇生于花茎叶腋，无花瓣；异花授粉，风媒。胞果，内含一粒种子，外被革质果皮，浅绿褐至褐色，有刺（角状突起）或无刺。有刺种（有刺变种——尖叶菠菜）果实侧面呈三角形，一般约长4.45mm、宽3.80mm、厚2.15mm，有1～4枚长短不等的棱刺突起，千粒重约12.6g；无刺种（无刺变种——圆叶菠菜）果实近圆球或卵圆形，一般约长3.75mm、宽3.20mm、厚2.20mm，表面无棱刺突起，千粒重约9.5g。种子发芽力一般可保持3～4年，生产上多用采后第1～2年的种子。

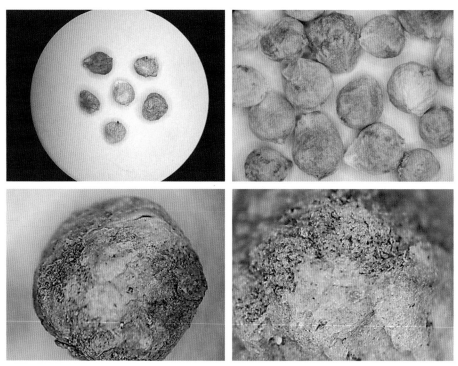

圆叶菠菜种子（果实）

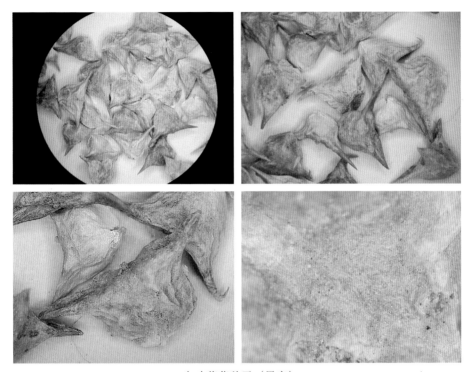

尖叶菠菜种子（果实）

莴苣 (lettuce)

莴苣（*Lactuca sativa* L.）有茎用莴苣（var. *asparagina* Bailey）、皱叶莴苣（var. *crispa* L.）、直立莴苣（长叶莴苣）（var. *longifolia* Lam.）和结球莴苣（var. *capitata* L.）四个变种，又名生菜、莴笋、莴菜、鹅仔菜、千金菜。菊科（Compositae）莴苣属一、二年生草本植物。染色体数$2n=2x=18$。原产东亚及地中海沿岸。喜凉冷，不耐高温。用种子繁殖。以叶片、叶球、肉质茎供食。各地均有栽培，叶用莴苣以南方为多。

植物学特征：根系浅而密集。茎短缩。初为根出叶，互生，披针、长椭圆或长倒卵形，叶面光滑或皱缩，叶缘波状或浅裂、全缘或有缺刻，绿、黄绿或紫色。叶球（结球莴苣）圆球或圆筒形，多呈绿色；肉质茎（茎用莴苣）棒状，肉淡绿、黄绿或翠绿色。头状花序，花淡黄色，自花授粉，少数为异花授粉。瘦果（内含一粒种子），扁平，披针形，长2.15～3.80mm，顶端宽1.30～1.40mm，基部宽1.50～1.80mm，表面有浅棱，银白、褐或黑色，顶端具丝状雨伞状冠毛。千粒重0.8～1.2g。种子有休眠期，贮藏1年后发芽率有所提高。种子发芽力一般可保持3～4年，生产上多用采后第2～3年的种子。

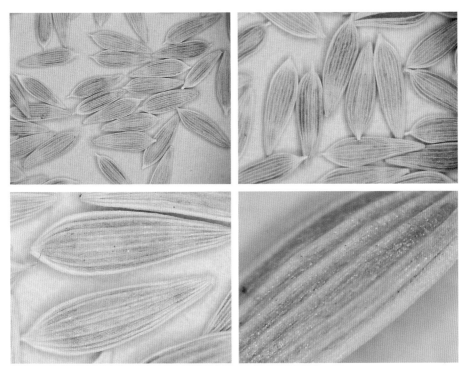

莴苣种子（果实）

芹 菜 （celery）

　　芹菜（*Apium graveolens* L. var. *dulce* DC.）又名旱芹、芹、药芹、苦堇、堇葵、堇菜。伞形科（Umbelliferae）芹菜属二年生草本植物，多作一年生蔬菜栽培。染色体数 $2n=2x=22$。原产欧洲至西亚间的湿润地带。喜冷凉、湿润。用种子繁殖。以叶柄、嫩叶供食。各地均有栽培。

　　植物学特征：根系浅。茎短缩。奇数二回羽状复叶，小叶3裂互生，叶缘锯齿状；叶柄较发达，有细条状纵棱，绿、黄绿、白或浅紫色，直立、半直立或匍匐，空心或实心。伞形花序，顶生，花黄白色，异花授粉（自花授粉也能结实）。双悬果，很小，褐色，成熟后沿中缝裂开形成两个扁形分果，各含一粒种子。一般分果约长1.35mm、宽0.75mm、厚0.65mm，横切面为宽矮五角形。千粒重0.47g左右。种子发芽力一般可保持2～3年，生产上多用采后第1～3年的种子。

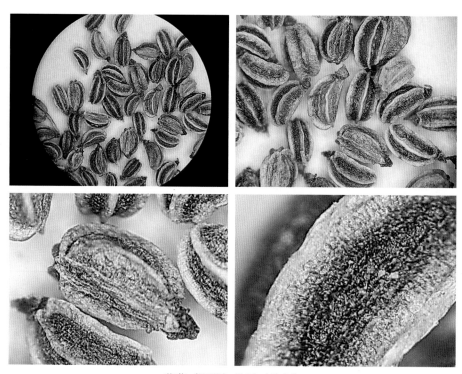

芹菜（西芹）种子（果实）

蕹 菜 (water spinach)

　　蕹菜 (*Ipomoea aquatica* Forsk) 又名空心菜、通菜、蓊菜、藤菜、竹叶菜。旋花科 (Convolvulaceae) 甘薯属一年生草本植物，染色体数 $2n=2x=30$。原产中国。喜温暖、湿润。用种子或枝条扦插繁殖。以嫩株或嫩茎叶供食。南方广泛栽培。

　　植物学特征：根系浅。茎蔓生，断面圆形，中空，叶节易生不定根。叶互生，长卵圆、三角、披针或条形，叶基多楔形或心形，绿、黄绿或略带紫红色，叶面光滑，全缘。聚伞花序，腋生，花漏斗状，白或浅紫色，自花授粉（自然异交率3.47%）。蒴果，阔卵形，内含种子2～4粒。种子半圆或三角形，一般约长5.27～5.57mm、宽4.20～4.56mm、厚3.43～3.62mm，褐或深褐色，少数为白色，外披短绒毛，种脐浅洼状，种皮厚，坚硬。千粒重32～60g。种子发芽力一般可保持4～5年，生产上多用采后第1～2年的种子。

蕹菜种子

苋　菜 （edible amaranth）

　　苋菜（*Amaranthus mangostanus* L.）又名米苋、刺苋、青香苋，古称蒉、赤苋。苋科（Amaranthaceae）苋属一年生草本植物。染色体数$2n=2x=34$。原产中国、印度。喜温暖，较耐热。用种子繁殖。以嫩茎叶或肉质茎供食。各地均有栽培，尤以南方为多。

　　植物学特征：主根发达。茎肥大。叶互生，圆、卵圆、宽披针或卵状菱形，绿、红、紫色或红绿镶嵌呈斑状，叶缘全缘，叶面平滑或皱缩。穗状花序，顶生或腋生。胞果，矩圆形，盖裂。种子较小，圆形，一般约长1.22mm、宽1.10mm、厚0.91mm，紫黑色，有光泽。千粒重0.55～0.72g。种子发芽力一般可保持4～5年，生产上多用采后第2～3年的种子。

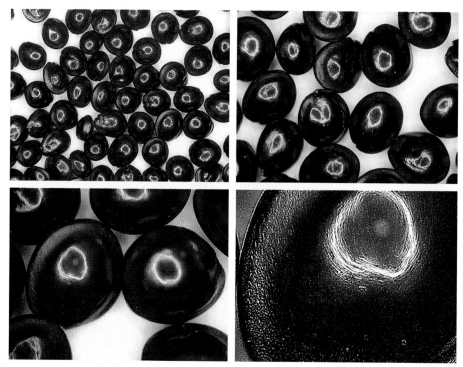

苋菜种子

叶菾菜 (leaf beet)

叶菾菜（*Beta vulgaris* L. var. *cicla* L.）又名牛皮菜、莙荙菜、厚皮菜。藜科（Chenopodiaceae）甜菜属二年生草本植物。染色体数 $2n=2x=18$。原产欧洲南部地中海沿岸。喜冷凉、湿润。用种子繁殖。以嫩叶、叶柄供食。各地均有栽培。

植物学特征：主根发达。茎短缩。叶大而肥厚，卵圆或长卵圆形，浅绿、深绿或紫红色，平展或皱缩，具光泽；叶柄发达，白、绿、金黄、红、橙或紫色。复总状花序，花白色或淡绿略带红色，异花授粉，风媒。聚合果，长径约3.51mm，具木质化果皮，内含种子2～3粒。种子肾形，棕红色，有光泽。千粒重（果实）约13.0g。种子发芽力一般可保持3～4年。

叶菾菜种子（果实）

菊 苣 (chicory)

　　菊苣 (*Cichorium intybus* L.) 又名欧洲菊苣、吉康菜、比利时苣荬菜、法国苣荬菜。菊科 (Compositae) 菊苣属多年生草本植物，也作一年生蔬菜栽培，原产地中海沿岸、中亚和北非。喜温和、冷凉，较耐寒。用种子繁殖。以嫩叶、叶球、芽球供食。华北、东北及台湾等地有少量栽培。

　　植物学特征：直根系。根用和软化栽培用类型具肉质直根，长圆锥形，淡褐色。茎短缩。根出叶，互生，椭圆、卵圆、倒披针或披针形，绿或紫红色，全缘或具缺刻，深裂或浅裂。芽球（由根株经软化栽培形成）炮弹形，黄白或紫红色。叶球（由结球类型心叶抱合形成）圆、卵圆或长卵圆形，绿或紫红色。头状花序，花青蓝色。瘦果，呈基部粗、顶端细的短柱状，黄褐色，果面有棱，顶端平钝或戟形。千粒重1.18～1.42g。种子发芽力一般可保持4～5年，生产上多用采后第1～2年的种子。

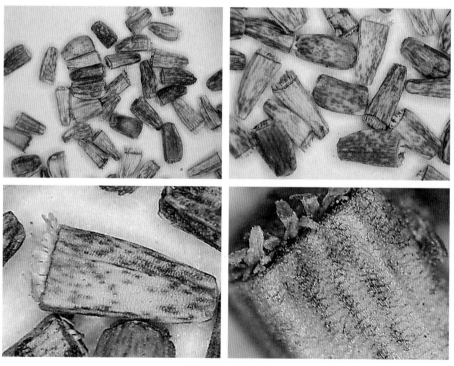

菊苣种子（果实）

冬寒菜 （Chinese mallow）

冬寒菜（*Malva verticillata* L.）又名冬葵、冬苋菜、葵菜、滑肠菜，古称葵。锦葵科（Malvaceae）锦葵属二年生草本植物。原产中国。喜冷凉、湿润。用种子繁殖。以幼苗、嫩茎叶供食。湖南、四川、云南、福建、江西等地多有栽培。

植物学特征：根系发达。茎直立。叶互生，圆扇形，掌状5～7浅裂，基部心形内凹，叶面微皱、密被毛茸，叶缘波状，叶柄较长。花簇生于叶腋，淡红或紫白色。蒴果，扁圆形。种子肾形，扁平，一般约长2.45mm、厚1.55mm，黄白至淡棕色，两侧具网纹，背面稍平滑。千粒重8g左右。

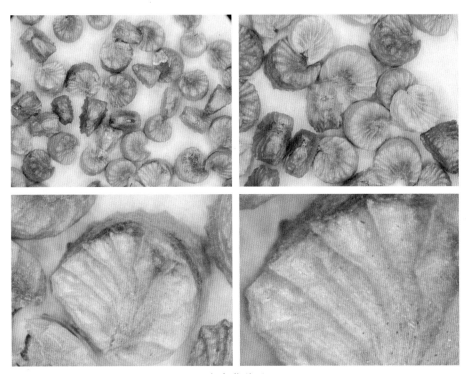

冬寒菜种子

落 葵 （malabar spinach）

　　落葵有红花落葵（*Basella rubra* L.）、白花落葵（*B. alba* L.）和广叶落葵（*B. cordifolia* Lam.）3个种，又名木耳菜、天葵、藤葵、藤菜、软浆叶、豆腐菜、紫果菜、燕（胭）脂菜、蔓紫等。落葵科（Basellaceae）落葵属多年生攀缘性草本植物。染色体数 $2n=4x=48$（红花落葵），$2n=5x=60$（白花落葵）。原产中国和印度。喜温，耐热、耐湿。用种子或枝条扦插繁殖。以嫩茎梢和叶供食。各地均有栽培。

　　植物学特征：根系发达。茎蔓生，肉质。叶互生，近圆或卵圆形，紫红或绿色，平滑无毛，具光泽，叶缘全缘。穗状花序，腋生，花紫红或白色。浆果，圆球或卵圆形，少有扁圆形，果面光滑，初时绿色，成熟时紫黑色，内含一粒种子。种子球形，直径 3.45 ～ 4.55mm，紫黑色。千粒重25g左右。种子发芽力一般可保持5年。

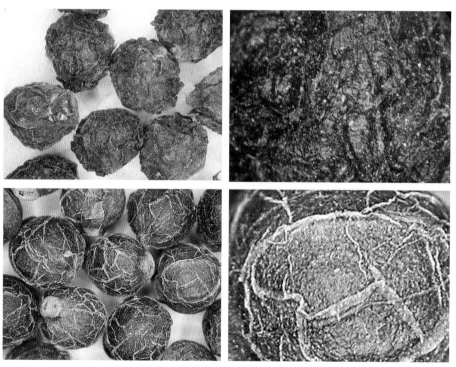

落葵（紫落葵）果实与种子

茼 蒿 （garland chrysanthemum）

茼蒿有大叶茼蒿（*Chrysanthemum segetum* L.）、小叶茼蒿（*C. coronarium* L.）和蒿子秆（*C. carinatum* Schousb.）3个种，又名蒿子秆、大叶茼蒿、蓬蒿、春菊、茼莴菜。菊科（Compositae）茼蒿属一、二年生草本植物。染色体数$2n=2x=18$、36。原产地中海地区。喜冷凉、湿润，不耐严寒、高温。用种子繁殖。以嫩茎、叶供食。南方多栽培大叶茼蒿，北方多栽培蒿子秆。

植物学特征：根系浅。茎直立。根出叶，互生，羽状裂叶，裂片倒披针形，叶缘锯齿状或具缺刻。头状花序，花黄色或黄白色，以自花授粉为主。瘦果，一般长约2.90mm，顶端直径约1.50mm，基部直径约0.80mm，褐色，有3个突起的翅肋，翅肋间有数个不明显的纵肋，无冠毛，内含种子1粒。千粒重1.7～2.0g。种子发芽力一般可保持2～3年，生产上多用采后第1～2年的种子。

茼蒿种子（果实）

芫 荽 （coriander）

芫荽（*Coriandrum sativum* L.）又名香菜、胡荽、香荽。伞形科（Umbelliferae）芫荽属一、二年生草本植物。染色体数$2n=2x=22$。原产地中海沿岸及中亚。喜冷凉。用种子繁殖。以嫩茎叶供食。各地均有栽培。

植物学特征：主根较粗壮。茎短，圆柱状，具纵条纹，中空。根出叶，互生，2～3回羽状深裂，小叶圆或卵圆形，具缺刻，叶柄绿或淡紫色。复伞形花序，花白色，异花授粉。双悬果，近圆球形，内含种子2粒，一般分果约长4.20mm、宽2.30mm、厚1.15mm，背面黄褐色，有棱。千粒重8.0～9.0g。种子发芽力一般可保持4～5年，生产上多用采后第1～3年的种子。

芫荽果实与种子

　　茴香（*Foeniculum vulgare* Mill.）有意大利茴香(大茴香) [var. *azoricum* (Mill.) Thell.] 和球茎茴香（var. *dulce* Batt. et Trab.）两个变种，又名小茴香、香丝菜、甜茴香等。伞形科（Umbelliferae）茴香属一、二年生草本植物，染色体数$2n=2x=22$。原产地中海沿岸及西亚。喜冷凉，耐热、耐寒。用种子繁殖。以嫩茎叶、球茎、果实供食。北方多小茴香栽培，山西、内蒙古多种植大茴香，大城市郊区则多球茎茴香栽培。

　　植物学特征：根系不很发达。茎直立。叶2～4回羽状深裂，裂片丝状，光滑，具蜡粉。球茎（球茎茴香）长扁球形，白绿色。复伞形花序，花金黄色，异花授粉。双悬果，圆柱形，两端较尖，内有2粒种子，光滑无毛，灰白至灰褐色。分果呈长椭圆形，一般约长5.40mm、宽1.45mm、厚1.00mm，背面隆起，具明显纵肋，腹面平坦。千粒重1.2～3.2g。种子发芽力一般可保持2～3年，生产上多用采后第1～2年的种子。

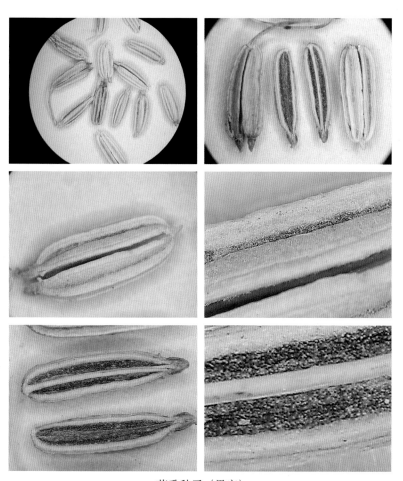

茴香种子（果实）

菊花脑 （vegetable chrysanthemum）

　　菊花脑（*Chrysanthemum nankingense* H. M.）又名菊花菜、菊花叶、路边黄、黄菊仔。菊科（Compositae）茼蒿属多年生宿根性草本植物。染色体数 $2n=2x=18$，$2n=4x=36$。原产中国。喜冷凉，较耐寒、耐热。用种子、枝条扦插或分株繁殖。以嫩茎叶供食。江浙一带大中城市郊区多有栽培。

　　植物学特征：根系发达。茎直立或匍匐，半木质化。叶互生，长卵圆形，叶缘具复锯齿或呈二回羽状深裂，叶基具窄翼，绿色或带淡紫。头状花序，花黄色。瘦果，灰褐色，内含种子一枚。

菊花脑繁殖材料（一年生枝条）

荠 菜 （shepherd's purse）

荠菜 [*Capsella bursa-pastoris*（L.）Medic.] 又名扇子草、菱角菜、护生草、地米草。十字花科（Cruciferae）荠菜属一、二年生草本植物。染色体数 $2n=4x=32$。原产中国。喜冷凉。用种子繁殖。以嫩株供食用。长江中下游地区栽培较多，一些城市郊区也有栽培。

植物学特征：根系浅。根出叶，塌地或半直立，披针形，羽状深裂或全裂，绿色，低温时略带紫色，被毛茸。总状花序，顶生或腋生，花白色，异花授粉。短角果，倒三角形或倒心状三角形，扁平，平滑无毛，顶端微凹，内含多数种子。种子极小，卵圆或长椭圆形，一般约长1.10mm、宽0.92mm、厚0.50mm，金黄或浅褐色。千粒重0.09～0.14g。种子发芽力一般可保持2～3年，生产上多用采后第一年的种子。

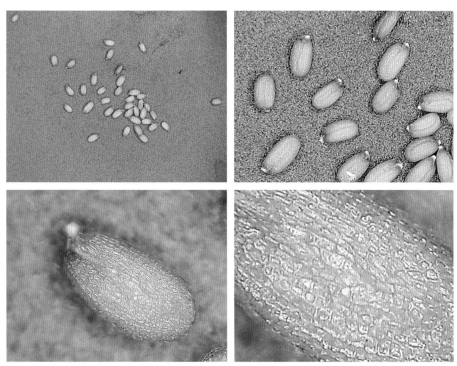

荠菜种子

菜苜蓿 （colifornian burclover）

菜苜蓿（*Medicago hispida* Gaertn.）又名金花菜、南苜蓿、黄花苜蓿、草头、黄花草子、磨盘草子。豆科（Leguminosae）苜蓿属二年生草本植物。染色体数$2n=2x=14$。原产印度。喜冷凉、湿润，较耐寒。用种子繁殖。以嫩茎叶供食。长江流域及广东、广西、山西、甘肃等地多有栽培。

植物学特征：浅根系。茎塌地或半直立，断面近方形。三出复叶，小叶倒卵圆或心脏形，前缘有浅锯齿，先端凹入或稍圆；叶背稍带白色，隐约可见紫红色细条斑，托叶细裂。总状花序，花黄色，自花授粉。荚果，螺旋状盘形，暗绿至褐色，具钩状毛刺，含种子3～7粒。种子肾形，一般长约2.50mm，宽约1.25mm，平滑，黄褐至棕褐色。千粒重2.83g。

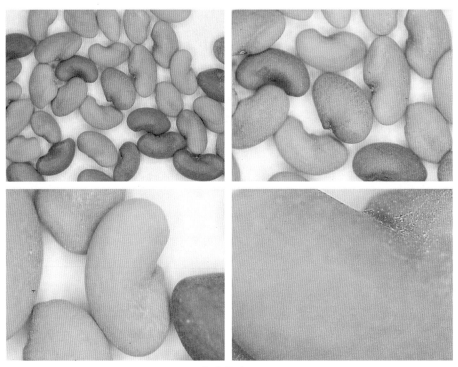

菜苜蓿种子

番 杏 （New Zealand spinach）

番杏（*Tetragonia expansa* Murray ）又名新西兰菠菜、洋菠菜、夏菠菜、蔓菜。番杏科（Aizoaceae）番杏属一年生草本植物。染色体数$2n=4x=32$。原产澳大利亚、新西兰、智利及东南亚等地。喜温，较耐热，亦耐低温。用种子繁殖。以嫩茎叶供食。城市郊区有少量栽培。

植物学特征：根系发达。茎直立（初期）或匍匐，断面圆形，绿色，分枝力强。叶互生，近三角形，肥厚，多茸毛，嫩叶被有银灰色粉末状物。花腋生，无花瓣，黄色。坚果，菱角状，肩部有4～5个角，成熟时由绿转为褐色，坚硬，内含种子数粒。千粒重83～100g。种子发芽力一般可保持4～5年。

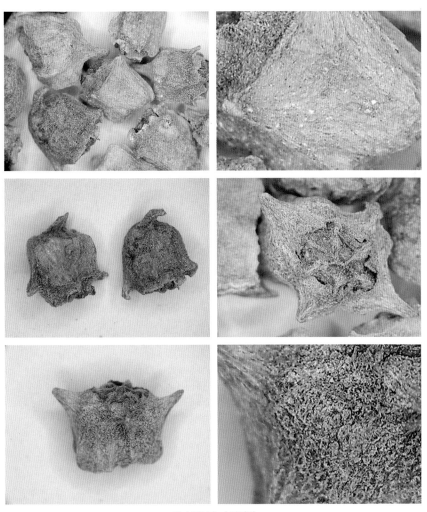

番杏种子（果实）

苦苣 (endive)

苦苣（*Cichorium endivia* L.）有碎叶苦苣（var. *crispa* Hort.）和阔叶苦苣（var. *latifolia* Hort.）两个变种，又名花叶生菜、花苣、缩叶苦苣。菊科（Compositae）菊苣属一、二年生草本植物。原产欧洲南部和印度。喜冷凉、湿润，耐寒、耐热。用种子繁殖。以嫩株、嫩叶供食。山东、广东等地及城市郊区有栽培。

植物学特征：根系发达。茎短缩。根出叶，互生，长倒卵或长椭圆形，叶面平展或皱缩，叶缘深裂或全缘；外叶绿色，心叶浅黄至黄白色，叶背稍被茸毛。头状花序，花淡紫色，异花授粉。瘦果，较小，钟状，灰白色。千粒重约1.65g。种子发芽力一般可保持5年以上，生产上多用采后第1～3年的种子。

苦苣种子（果实）

马齿苋 （purslane）

马齿苋（*Portulaca oleracea* L.）又名马苋菜、瓜子苋、瓜子菜、长命菜、五行草、马苋。马齿苋科（Portulacaceae）马齿苋属一年生草本植物。染色体数 $2n=2x=18$。原产印度。喜高温，耐旱。以种子、枝条扦插繁殖。以嫩茎叶供食。城市郊区有少量栽培。

植物学特征：须根系。茎直立、半匍匐或匍匐，圆柱状，光滑无毛，肉质，淡绿或淡紫红色。叶互生或近对生，长倒卵形或匙形，肥厚，平滑无毛，全缘，几无柄。花簇生于枝端，白、黄、红或紫色。蒴果，圆锥形，内含多数种子，成熟时盖裂。种子细小，扁圆形，黑色，有光泽。千粒重约0.48g。种子有5～6个月的休眠期，发芽力一般可保持3～4年。

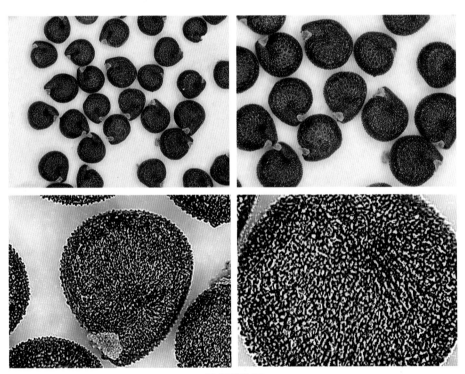

马齿苋种子

榆钱菠菜 （garden orach）

　　榆钱菠菜（*Atriplex hortensis* L.）又名食用滨藜、洋菠菜、山菠菜、山菠薐草。藜科（Chenopodiaceae）滨藜属一年生草本植物。染色体数 $2n=2x=18$。原产中亚细亚。喜冷凉、耐寒、耐旱涝。用种子繁殖。以嫩叶供食。内蒙古、陕西等地有栽培。

　　植物学特征：叶对生（基部叶）或互生（上部叶），卵状三角形，背面被蜡粉。圆锥形穗状花序，顶生或腋生，雌雄同株（同穗）异花。有花被雌花无苞片，种子横生，扁球形，直径 1.5～2.0mm，黑色；无花被雌花有苞片，果实苞片近圆形，全缘，有放射状脉纹，似榆钱（榆树果实），种子直立，扁平，圆形，直径 3.0～4.0mm，黄褐色。种子千粒重 7.0g 左右。种子发芽力一般可保持 3～4 年。

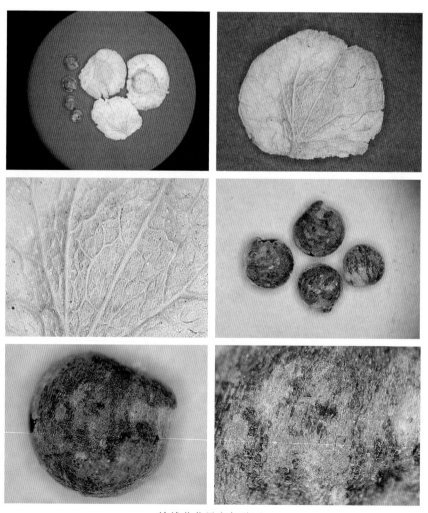

榆钱菠菜果实与种子

蕺 菜 （heartleaf houttuynia, pig thigh）

　　蕺菜（*Houttuynia cordata* Thunb.）又名鱼腥草、侧耳根、蕺儿根、鱼鳞草、臭腥草、狗贴耳、菹菜。三白草科（Saururaceae）蕺草属多年生草本植物。染色体数$2n=2x=22$。原产东亚。喜温，适应性较广。用种子、分株或枝条扦插繁殖。以根茎、嫩茎叶供食。长江以南各地多有种植，尤以云南、贵州、四川等地为多。

　　植物学特征：须根系。茎直立，基部伏地，紫色；地下茎匍匐生长，圆条形，肉质，白色，茎节具弦状根及芽。叶互生，卵圆或心脏形，深绿色，叶背紫红色，全缘，叶脉稍有柔毛，叶柄下部与托叶合生成鞘状，基部抱茎。穗状花序，顶生，具总苞片4枚，白或淡绿色，花瓣状；花小而密，淡绿色，无花被。蒴果，顶裂。种子圆球形，褐色，有条纹。

蕺菜种子
（引自《中国蔬菜作物图鉴》）

蒲公英 （Mongol dandelion）

　　蒲公英（*Taraxacum mongolicum* Hand.-Mazz.）又名婆婆丁、黄花地丁、蒲公草、黄花草。菊科（Compositae）蒲公英属多年生草本植物，世界各地几乎都有野生种。喜冷凉、湿润。用种子（果实）繁殖。以叶片、肉质根供食。东北及北京、台湾等地有少量栽培。

　　植物学特征：直根肉质。茎短缩。叶簇生，莲座状，长圆状倒披针形或阔倒披针形，逆向羽状深裂，顶裂片戟状。头状花序，花黄色，异花授粉。瘦果，倒披针形，长2.5～3.0mm，宽0.7～0.9mm，褐色，果面具纵棱和浅沟，上半部有尖小瘤状突起；先端有喙，喙长9.0～10.0mm，易折断；冠毛白色，长6～8mm。千粒重0.66～0.83g。种子发芽力一般可保持2年以上，生产上多用采后第1～2年的种子。

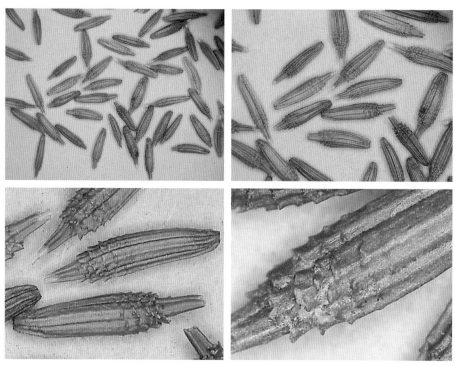

蒲公英种子（果实）

马 兰 (Indian kalimeris)

马兰 [*Kalimeris indica* (L.) Sch.-Bip.] 又名马兰头、马兰菊、田边菊、紫菊、红梗菜。菊科（Compositae）马兰属多年生草本植物。原产亚洲南部及东部。喜冷凉、湿润。用种子或分株繁殖。以嫩茎叶供食。江苏、浙江、上海等地有少量栽培。

植物学特征：植株丛生。地上茎直立，根状茎匍匐生长。叶互生，披针形，羽状浅裂或叶缘有疏粗齿或微凹，叶脉紫或深绿色。头状花序，顶生，排列成疏伞房状，花淡紫色，中央黄色，自花授粉。瘦果，倒卵圆形，长1.5～2.0mm，扁平，成熟果褐至深褐色，冠毛长0.1～3.0mm，长短不一，易脱落。千粒重约1.6g。种子发芽力一般可保持5年以上。

马兰种子（果实）

珍珠菜 （ghostplant wormwood）

　　珍珠菜（*Artemisia lactiflora* Wall. ex DC.）又名白苞蒿、角菜、珍珠花菜、白花艾、珍珠菊、甜菜子、鸭脚艾、乳白艾。菊科（Compositae）蒿属多年生草本植物。染色体数$2n=2x=24$。原产中国。喜温暖、湿润，耐热，不耐寒冷。用枝条扦插繁殖。以叶片、嫩茎尖供食。广东、台湾及北京、上海有栽培。

　　植物学特征：根系发达，主根粗壮。茎直立，紫红色，光滑，分枝力强，茎基易生不定根。叶片羽状全裂，有裂片2～5枚，叶缘锯齿状，紫红色，背面绿色，叶柄长。头状花序，花小，白色，自花授粉。瘦果，较小。千粒重约2g。北方一般不结实。

珍珠菜繁殖材料（插条）
（引自《中国蔬菜图鉴》）

藤三七 （madeira-vine）

藤三七 [*Anredera cordifolia* (Ten.) Steenis] 又名马地拉落葵、洋落葵、落葵薯、热带皇宫菜、藤子三七、川七。落葵科（Basellaceae）落葵薯属多年生蔓性植物。染色体数 $2n=2x=36$。原产巴拉圭、巴西、阿根廷。喜温暖、湿润，耐热，不耐霜冻。用珠芽、地下肉质茎或枝条扦插繁殖。以嫩茎叶、珠芽、地下肉质茎供食。云南、四川、湖北及台湾等地有栽培。

植物学特征：茎蔓生，断面圆形，淡绿色。具地下肉质茎，形状不规则，黄褐色，肉白色。叶互生，心脏形，光滑、肥厚、肉质。叶腋着生瘤块状珠芽，初绿色，成熟时褐色。穗状花序，花小，绿白色，一般不结实。

藤三七繁殖材料（地下肉质茎、珠芽）

白花菜 （common spiderflower）

　　白花菜（*Cleome gynandra* L.）又名香菜、白花仔菜、羊角菜、凤蝶草、臭豆角。白花菜科（Cappridaceae）白花菜属一年生草本植物，原产美洲。喜温暖，耐热，不耐霜冻。用种子繁殖。以嫩茎叶供食。

　　植物学特征：浅根系。茎直立。掌状复叶，小叶倒卵形，全缘或微呈锯齿。全株密生黏质腺毛，有臭味。总状花序，顶生，花白色或带红晕。蒴果，圆柱形，内含多数种子。种子扁球形或"逗号"形，黑褐色，表面有皱褶及刺状突起，多呈环状排列。千粒重约0.87g。种子发芽力一般可保持2年左右。

白花菜种子

车　前　(asiatic plantain)

车前（*Plantago asiatica* L. ）又名车前草、车轱辘菜、牛舌草、猪肚草。车前科（Plantaginaceae）车前属多年生草本植物，主要分布于亚洲东部。喜温、喜湿，耐寒、耐旱。用种子繁殖。以幼株、嫩叶芽供食。城市郊区有少量种植。

植物学特征：须根系。茎短宿。叶丛生，广卵至心状卵形，端部钝，基部圆或宽楔形，叶柄长。穗状花序，腋生，花小，绿白色。蒴果，周裂。种子小，矩圆形，长1.7～2.7mm，宽1.0～1.2mm，厚0.7～0.9mm，黑褐至黑色，具皱纹状小突起，腹面略平坦。千粒重约1.19g。种子发芽力一般可保持2～3年。

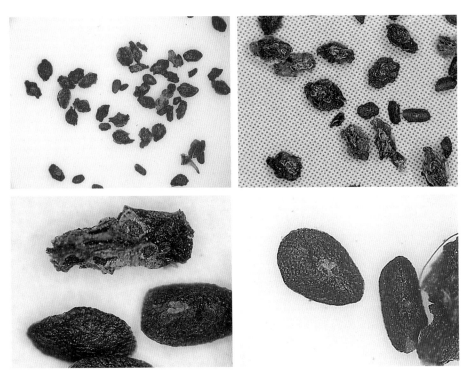

车前果实与种子

地 肤 (belvedere)

地肤 [*Kochia scoparia* (L.) Schrad.] 又名扫帚苗、绿扫、落帚、观音草、孔雀松。藜科（Chenopodiaceae）地肤属一年生草本植物。原产欧洲、亚洲。喜温，不耐寒，耐旱。用种子繁殖。以幼苗、嫩茎叶供食。各地多行药用或观赏栽培，民间常采嫩梢作菜用。

植物学特征：茎直立，多分枝。叶互生，长条状披针形，淡绿、绿或浅红色，被短柔毛，全缘，无叶柄。花小，簇生于叶腋，呈稀疏穗状花序。胞果，具宿存花被，扁球状五角星形，果皮膜质，易剥离，内含一粒种子。种子横生，倒卵形，扁平，灰棕至黑褐色，稍具光泽。千粒重0.77～1.09g。种子发芽力一般可保持2～3年。

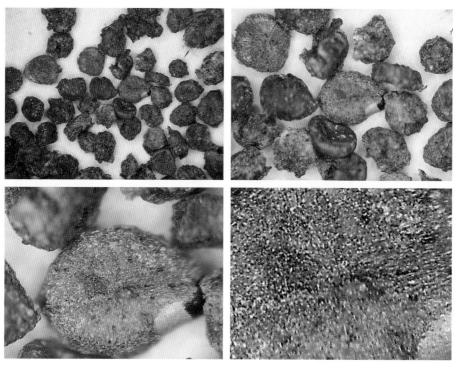

地肤果实与种子

牛　膝 (twotooth achyranthes)

牛膝（*Achyranthes bidentata* Blume ）又名怀牛膝、白牛膝、牛夕、对接草、山苋菜。苋科（Amaranthaceae）牛膝属多年生草本植物，产于中国各地。喜温暖、湿润，耐热。用种子或分根繁殖。以嫩茎叶供食。各地多行药用栽培，民间常采嫩梢作菜用。

植物学特征：根细长。茎直立，具纵条纹，浅紫红色，断面方形，叶节膝状膨大，具对生分枝。叶对生，椭圆或阔披针形，叶缘稍呈波状，全缘，有叶柄。穗状花序，腋生或顶生，花小，绿色。胞果，长圆形，一般约长2.5mm、宽1.5mm，倒贴生于轴上，黄褐色，坚硬，常附有草黄色的宿存花被、小苞片和花柱，内含1粒种子。千粒重约1.09g。种子发芽力一般可保持2～3年，生产上多用采后第1～2年的种子。

牛膝种子（果实）

青　葙　（feather cockscomb）

　　青葙（*Celosia argentea* L.）又名青葙子、鸡冠苋、野鸡冠花、笔鸡冠、土鸡冠、草蒿、昆仑草。苋科（Amaranthaceae）青葙属一年生草本植物。盛产于热带、亚热带，中国东南部有分布。喜温，耐热，不耐寒。用种子繁殖。以幼苗、嫩茎叶供食。城市郊区有少量栽培。

　　植物学特征：茎直立，多分枝。叶互生，卵状披针形，叶面光滑，绿或紫红色，全缘。穗状花序，顶生，花绿或紫红色。胞果，卵状椭圆形，盖裂，含多数种子。种子肾状，扁平，直径1.2 ～ 1.5mm，厚0.5 ～ 0.7mm，黑或棕黑色，平滑，有光泽，解剖镜下可见矩形或多角形细小网纹。千粒重约0.75g。种子发芽力一般可保持3年以上，生产上多用采后第1 ～ 2年的种子。

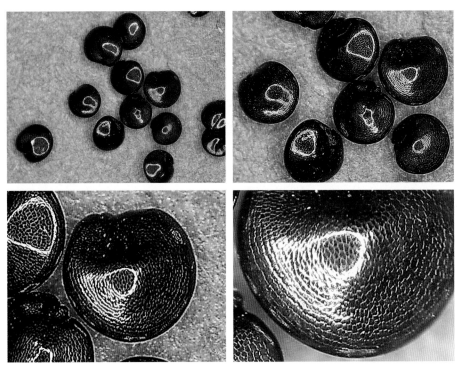

青葙种子

沙芥 (cornuted pugionium)

沙芥 [*Pugionium cornutum* (L.) Gaertn.] 又名山萝卜、蒲蒋草、沙盖等。十字花科 (Cruciferae) 沙芥属二年生草本植物。分布于中国及蒙古。喜温,生于沙漠地带沙丘。用种子繁殖。以嫩茎叶供食。内蒙古、宁夏、陕西等地有少量栽培。

植物学特征：直根系,分布深。茎短缩。叶簇生,呈莲座状,深裂或全裂；茎生叶披针形或条形。总状花序,顶生或腋生,花白色,异花授粉。短角果,革质,横卵形,侧扁,两侧具披针形翅或一侧具翅(另一翅退化),上举呈钝角,表面有网纹状突起,还有4个或更多角状刺。种子扁长圆形,长约1.0cm,黄褐色。

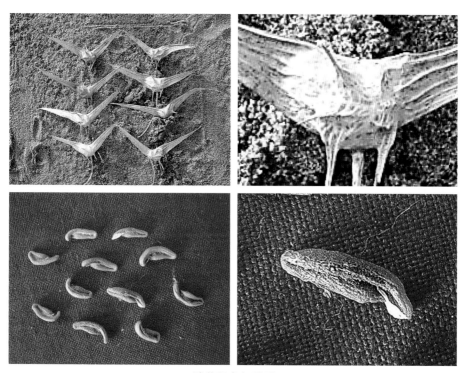

沙芥果实与种子
(引自《中国蔬菜作物图鉴》)

酸 模 (garden sorrel)

　　酸模（*Rumex acetosa* L.）又名酸不溜、山菠菜、野菠菜、水牛舌头、遏蓝菜、水乔菜。蓼科（Polygonaceae）酸模属多年生宿根性草本植物，原产欧洲。喜温，耐寒、耐旱、耐涝。用种子繁殖。以嫩茎叶、嫩花薹供食。黑龙江、新疆、四川等地有栽培。

　　植物学特征：根系发达。茎直立，中空。基生叶长圆状披针形，先端急尖或钝圆，基部箭尾形，叶缘波状，全缘，具长叶柄。茎生叶小而窄，披针形，抱茎，无叶柄。托叶鞘膜质，斜形。圆锥花序，花小，淡绿色带赤。瘦果，椭圆形，两头尖，具三棱，褐至黑褐色，有光泽。千粒重3.0～3.3g，种子发芽力一般可保持4年。

酸模种子（果实）

土人参 （panicled fameflower）

　　土人参 [*Talinum paniculatum*（Jacq.）Gaertn.] 　　又名土洋参、土高丽参、水人参、参草。马齿苋科（Portulacaceae）土人参属多年生草本植物，亦作一年生蔬菜栽培。原产热带美洲。喜温、喜湿、耐高温、不耐寒。以种子、分株或枝条扦插繁殖。以嫩茎、叶和根供食。华南、华中及台湾等地区有栽培。

　　植物学特征：主根粗大，肉质。茎直立，分枝力强。叶近对生或互生，倒卵形，全缘。圆锥花序，花小，粉红色。蒴果，圆球形，三瓣裂，内含多数种子。种子细小，近圆形，扁平，黑色，有光泽，放大镜下可见环状瘤皱纹。

土人参种子

土三七 （aizoon stonecrop）

　　土三七（*Sedum aizoon* L.）又名费菜、景天三七、血见散。景天科（Crassulaceae）景天属多年生草本植物。分布于中国长江流域及其以北地区，亚洲东部也有分布。喜冷凉，耐寒，不耐高温、多湿。用种子或分株繁殖。以幼苗、嫩茎叶供食。城市郊区有少量栽培。

　　植物学特征：根状茎近木质。茎粗壮、直立，无分枝，基部呈褐紫色。叶互生，近革质，宽卵或卵状披针形，叶缘具不规则锯齿，叶柄短，肉质。聚伞花序，花黄色。聚合蓇葖果。种子倒卵或椭圆形，长0.9～1.0mm，宽0.3～0.4mm，棕褐或棕色，具很细的纵棱线，腹侧有一隆起的种脊，略呈翼状。千粒重0.1g。种子发芽力一般可保持2年。

土三七繁殖材料——分株
（引自《中国蔬菜作物图鉴》）

芝麻菜 （roquette）

芝麻菜（*Eruca sativa* Mill.）又名臭芥、臭菜、香油罐、德国芥菜。十字花科（Cruciferae）芝麻菜属一年生草本植物。染色体数 $2n=2x=22$。分布于欧洲北部、亚洲西部和北部及非洲西北部。喜冷凉、湿润。用种子繁殖。以嫩株和种子供食。华北、西北及四川等地多有栽培。

植物学特征：主根发达。茎短宿。叶簇生，长圆至长卵圆形，或大头羽状深裂，顶裂片近圆形或短卵形，具稀锯齿。总状花序，花白（有紫褐色脉纹）或浅黄色，异花授粉。长角果，圆柱形，无毛，果瓣各具一隆起的中脉，喙剑形。种子近圆球形或卵圆形，直径1.5～2.0mm，棕色，有棱角。

芝麻菜种子

白茎千筋京水菜 （non-heading mustard）

白茎千筋京水菜 [*Brassica campestris* L. ssp. *rapifera* var. *laciniifolia* (Kitam.) Yen et al., comb. nov. 或 *Brassica rapa* L. var. *laciniifolia* Kitam.] 又名京水菜、水晶菜。由日本育成。十字花科（Cruciferae）芸薹属一、二年生草本植物。喜冷凉，不耐高温。用种子繁殖。以嫩株、嫩叶供食。城市郊区有少量栽培。

植物学特征：根系浅。茎短缩，分蘖性强。叶簇生，呈丛生状，绿或深绿色，齿状缺刻深裂成羽状，叶柄细长，白或浅绿色。复总状花序，花黄色，异花授粉。长角果，内有种子10余粒。种子近圆球形，黄褐色。千粒重1.0～2.0g。种子发芽为一般可保持3～4年。

白茎千筋京水菜种子

诸葛菜 （vilet orychophragmus）

诸葛菜 ［*Orychophragmus violaceus* (L.) O. E. Schulz］ 又名二月兰、翠紫花。十字花科 （Cruciferae） 芸薹属一年生或二年生草本植物，原产中国。喜湿润、冷凉，较耐寒。用种子繁殖。以嫩茎叶、花薹供食。多作花卉栽培。

植物学特征：茎直立，浅绿或带紫色。基生叶及下部茎生叶琴状羽裂，上部茎生叶无叶柄，基部耳状抱茎。全株光滑无毛，被白粉。总状花序，花淡紫或白色，异花授粉。长角果，线形，具4棱，果瓣各有一突出的中脊，喙较长。种子卵圆至长圆球形，长约2.0mm，稍扁平，黑褐色，具虚线状纵条纹。

诸葛菜种子

蒌　蒿　(seleng wormwood)

　　蒌蒿（*Artemisia selengensis* Turcz.）又名芦蒿、柳蒿芽、水蒿、香艾蒿、水艾。菊科（Compositae）蒿属多年生草本植物。染色体数 $2n=2x=16$。分布于中国、日本、朝鲜及俄罗斯西伯利亚东部。喜温和、湿润，不耐干旱。用种子、枝条扦插、分株或压条繁殖。以嫩茎、根状茎供食。江苏、浙江等地有栽培。

　　植物学特征：根系浅，具根状茎，茎节易生不定根。地上茎直立。叶互生，羽状深裂，背面密被茸毛。头状花序，排列成总状，花黄色。瘦果，黑色，有冠毛。

蒌蒿繁殖材料——根状茎形成的分株

龙　葵 (black nightshade)

龙葵（*Solanum nigrum* L.）又名天茄子、乌仔菜、苦葵、野海椒、野辣虎。茄科（Solanaceae）茄属一、二年生草本植物。广泛分布于热带、温带地区。喜温暖、潮湿。用种子繁殖。以嫩茎叶、幼苗供食。云南、台湾有栽培。

植物学特征：根系发达。茎直立，多分枝。叶互生，卵圆或近菱形，全缘或具疏波状齿，有叶柄。伞形花序，腋生，花小，白色，常异花授粉。浆果，成熟时紫黑色。种子细小，黄褐色。

龙葵种子

少花龙葵 （shiningfruit nightshade）

　　少花龙葵（*Solanum photeinocarpum* Nakamura et Odaehima）又名光果龙葵、乌仔菜、乌甜仔菜、天茄子、水茄、苦葵。茄科（Solanaceae）茄属一年生或二年生草本植物。染色体数$2x=2x=24$。广泛分布于热带、温带地区。喜温暖、湿润，不耐霜冻。用种子繁殖。以嫩茎叶供食。云南、台湾有少量栽培。

　　植物学特征：植株开张或匍匐。叶互生，卵形或长卵形，叶缘具波纹。伞形花序，花小，白色，常异花授粉。浆果，果实小，光滑，亮黑色。种子细小，千粒重0.23g。

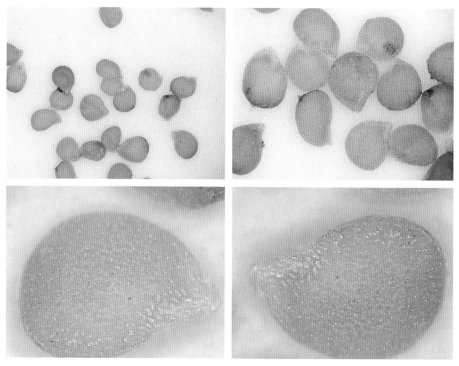

少花龙葵种子

菊 芹 （burnweed）

菊芹 [*Erechtites valerianaefolia* (Wolf) DC.] 又名昭和草、野茼蒿、飞机草。菊科（Compositae）菊芹属一年生草本植物。染色体数 $2n=2x=20$。原产南美洲。喜温暖、湿润，不耐霜冻。用种子繁殖。以嫩茎叶、花序供食。台湾、北京等地有少量种植。

植物学特征：根系发达。茎直立，多分枝。叶互生，羽状裂叶（基部叶）或倒卵状长椭圆形，叶缘具不规则锯齿，叶脉浅绿或暗红色。头状花序，成串顶生，弯曲下垂，花红褐色。瘦果，圆柱形，长约2mm，深褐至紫色，顶部冠毛白色。千粒重0.19g。

菊芹种子

长蒴黄麻 (jews-mallow)

长蒴黄麻（*Corchorus olitorius* L.）又名甜麻、食（叶）用黄麻、埃及锦葵、麻薏、麻芽。椴树科（Tiliaceae）黄麻属热带及亚热带一年生草本植物，原产非洲。喜高温、多雨，不耐涝。用种子繁殖。以嫩茎供食叶。华南及台湾有栽培。

植物学特征：具主根，多须根。茎较高，绿或红色，韧性强。叶互生，长椭圆形，叶缘具细锯齿，基部两侧边缘各有一条短须，暗红色，有叶柄及托叶。小花腋生，黄色，完全花。蒴果，长圆筒形，果面有纵裂凹沟。种子小，不规则三角状，青绿至灰褐色。

长蒴黄麻种子

十、薯芋类蔬菜作物

马铃薯 (potato)

马铃薯（*Solanum tuberosum* L.）又名土豆、山药蛋、洋芋、荷兰薯、爪哇薯。茄科（Solanaceae）茄属一年生草本植物。染色体数2*n*=4*x*=48。原产拉丁美洲秘鲁及玻利维亚安第斯山脉高原地区。喜冷凉。用块茎或种子繁殖。以地下块茎供食。各地均有栽培。

植物学特征：须根系。地上茎绿或紫褐色，地下具匍匐茎和块茎。块茎扁圆、圆、椭圆、卵圆或长筒形，外皮光滑、粗糙或具网纹，浅黄、粉红至紫色，肉白、黄或紫色；芽眼呈螺旋状排列，浅、深或突出。单叶（初生叶）或奇数羽状复叶。聚伞花序，花白、粉红、紫、蓝紫或黄色，自花授粉。浆果，圆形。种子小，扁平，近圆或卵圆形，浅褐或淡黄色。

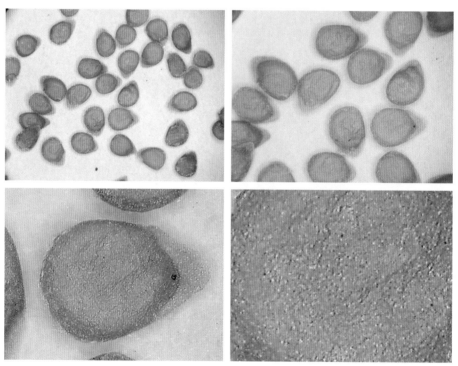

马铃薯种子

马铃薯繁殖材料——块茎

姜 （ginger）

　　姜（*Zingiber officinale* Rosc.）又名生姜、黄姜。姜科（Zingiberaceae）姜属多年生草本植物，常作一年生蔬菜栽培。染色体数$2n=2x=22$。原产中国及东南亚等热带地区。喜温暖，不耐寒。用根茎繁殖。以地下根茎供食。除东北、西北寒冷地区外，各地均有栽培，主产山东、浙江、广东等地。

　　植物学特征：根系不发达。地上茎直立，地下根状茎呈不规则掌状，由多个呈长卵圆形的姜球组成，单层、双层或多层排列，黄、黄白、乳白或微红色，经贮藏老姜多呈土黄色。叶互生，披针形，具平行叶脉。穗状花序，花橙黄或紫红色，极少开花，一般不结实。

姜繁殖材料——根茎

芋 （taro）

芋 [*Colocasia esculenta*(L.) Schott] 又名芋头、芋艿、毛芋、芋仔（台湾），古名蹲鸱、土芝。天南星科（Araceae）芋属多年生宿根性湿生草本植物。染色体数 $2n=2x=28$，$2n=3x=42$。原产中国、印度、马来半岛等亚洲热带沼泽或多雨地区。喜温暖、潮湿。用球茎繁殖。以地下球茎、叶柄和花梗供食。主产珠江、长江和淮河流域及台湾地区。

植物学特征：须根系。茎分短缩茎和球茎。球茎圆球、卵圆、椭圆、棒状或圆柱形，纵径4.8～21.0cm，横径4.3～16.3cm，茎节上具棕色鳞片毛，为叶鞘痕迹。主球茎（母芋）节上的腋芽可形成小球茎即子芋，依次可形成孙芋、曾孙芋等。依母芋、子芋发达程度及子芋着生习性又可分为魁芋（母芋用品种）、多子芋（子芋用品种）和多头芋（母芋子芋兼用品种）。叶互生，卵状盾形。佛焰花序，一般很少开花，异花授粉。浆果。种子近卵圆形，紫色，因发芽率低一般不用于繁殖。

多子芋

魁芋、多头芋

芋繁殖材料——球茎

魔 芋 （elephant-foot yam）

　　魔芋主要有花魔芋（*Amorphophallus konjac* K. Koch）和白魔芋（*A. albus* Liu et Chen），又名磨芋，古称蒟蒻。天南星科（Araceae）魔芋属多年生草本植物。染色体数 $2n=2x=26$。原产亚洲中南半岛北部到中国云南南部北纬20°～25°地带。喜温暖、湿润和半阴半阳环境，不耐高温。用根状茎或地下小球茎繁殖。以地下球茎供食。主产云贵川盆地周边山区，以及重庆东部、陕南、鄂西及湘南山区。

　　植物学特征：根系不发达。茎为短缩变态肉质球茎，圆球、扁圆球或长圆球形，黄至褐色，肉白色或偏黄，节上芽眼呈螺旋状排列。球茎顶部下凹着生单叶或花，叶通常3全裂，裂片多羽状分裂，叶柄光滑具各样斑块。佛焰苞宽卵或长圆形，白、绿、红或紫色，肉穗花序（下雌，上雄），花单性，无花被，以异花授粉为主。浆果，椭圆形，成熟时橘红色。果实中的种子实为珠芽。

魔芋繁殖材料——球茎和种子

山 药 (Chinese yam)

　　栽培山药主要有普通山药（*Dioscorea batatas* Decne.）和田薯（*Dioscorea alata* L.）2个种，其中普通山药又分3个变种：佛掌薯（var. *tsukune* Makino）、棒山药（var. *rakuda* Makino）、长山药（var. *typica* Makino）。山药又名薯蓣、脚板苕、白苕、山薯、大薯、佛掌薯，古称储余。薯蓣科（Dioscoreaceae）薯蓣属一年生或多年生缠绕性藤本植物。染色体数$2n=4x=40$。原产中国。喜温暖，怕霜冻，但块茎极耐寒。用地下块茎、气生块茎（零余子）繁殖。以地下块茎、气生块茎（零余子）供食。华北及长江流域以南各地多有栽培。

　　植物学特征：须根系。地上茎蔓生，断面圆形或多角形，具棱翼（田薯）；地下块茎肉质，长圆柱形、短圆筒形、掌状或团块状，褐、紫红或赤褐色，肉洁白。叶互生或对生（中上部），三角状卵形至广卵形，基部戟状心脏形，先端突尖。叶腋可着生气生块茎（零余子）。穗状花序，花白色或黄色，雌雄异株，异花授粉。蒴果，栽培种极少结实，每果含种子4～8粒。种子具3翅，扁卵圆形。千粒重6.0～7.0g。种子多不稔，空秕率高，一般不用于繁殖。

山药繁殖材料——地下块茎和气生块茎

豆薯 （yam bean）

豆薯 [*Pachyrhizus erosus* (L.) Urban.] 又名凉薯、沙葛、地瓜。豆科（Leguminosae）豆薯属一年生或多年生缠绕性草本植物。染色体数$2n=2x=22$。原产墨西哥和中美洲。喜温，耐旱。用种子繁殖。以块根供食。华南、西南及湖北、湖南、江西等地多有栽培。

植物学特征：直根系，具块根，扁圆或纺锤形，黄至褐色，有纵沟，肉白色。茎蔓生，被黄褐色茸毛。叶互生，三出复叶。总状花序，花淡紫蓝色或白色，自花授粉。荚果，扁平，绿色，成熟后深褐色，密被锈色茸毛，内含种子8～10粒。种子扁平，近方形，褐色，种皮坚硬。千粒重200～250g。

豆薯种子
（引自《中国蔬菜作物图鉴》）

葛（*Pueraria thomsonii* Benth.）又名粉葛、葛根。豆科（Leguminosae）葛属多年生缠绕性藤本植物。染色体数$2n=2x=24$。原产亚洲东南部。喜温，耐热。用茎蔓扦插繁殖。以块根供食。西南和华南等地多有栽培。

植物学特征：具吸收根和贮藏根，前者为须根，后者为肉质块根，长棒形或近纺锤形，黄白色，有皱褶，肉白色。茎蔓生，断面圆形，绿色，被黄褐色茸毛，多侧枝。三出复叶，具托叶，小叶阔菱形，侧生小叶宽卵形，全缘，被黄褐色茸毛。总状花序，花紫蓝色。荚果，线状，膜质，被红褐色粗毛，含种子8～12粒。

葛繁殖材料——茎蔓
（引自《中国蔬菜作物图鉴》）

甘露子 （Chinese artichoke）

　　甘露子（*Stachys sieboldii* Miq.）又名草石蚕、甘露儿、宝塔菜、螺蛳菜、罗汉菜。唇形科（Labiatae）水苏属多年生草本植物，常作一年生蔬菜栽培。原产中国北部。喜温和、喜湿，不耐高温、霜冻。用块茎繁殖。以块茎供食。各地有零星种植。

　　植物学特征：浅根系。地上茎断面方形，具刺毛；地下茎有匍匐茎及块茎，块茎肉质，茎节显著，蚕蛹状，皮肉均白色。叶对生，长卵圆形，叶缘具钝锯齿，叶柄极短。穗状花序，花淡紫色。小坚果，内含种子一粒。种子长卵圆形，黑色，无胚乳。

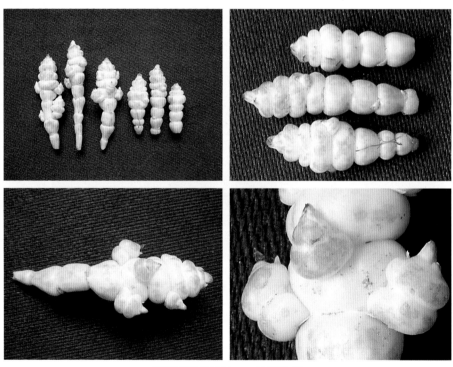

甘露子繁殖材料——地下块茎

菊芋 (jerusalem artichoke)

菊芋（*Helianthus tuberosus* L.）又名洋姜、鬼子姜。菊科（Compositae）向日葵属多年生草本植物，常作一年生蔬菜栽培。染色体数$2n=6x=102$。原产北美洲。喜温和，适应性广，耐寒性强。主要用块茎繁殖。以块茎供食。各地有少量栽培。

植物学特征：不定根发达。地上茎直立，断面圆形；地下茎肥大，扁圆形或呈不规则块状，有瘤状芽突起，淡黄褐色，肉白色。叶互生，卵圆形，叶缘具锯齿。头状花序，花黄色，一般不结实或偶尔结实。瘦果，楔形，灰至灰褐色，带有不规则分布的黑色条状斑纹群，有毛。

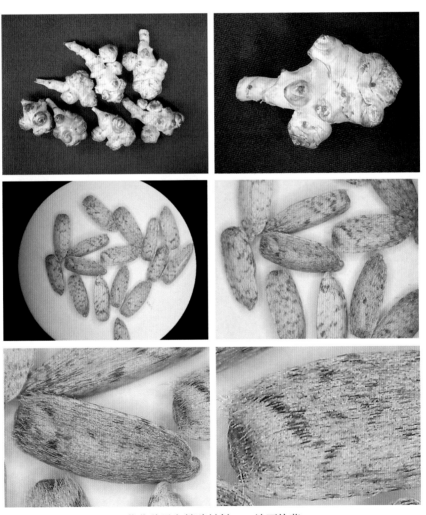

菊芋种子和繁殖材料——地下块茎

土圞儿 (potato bean)

　　土圞儿（*Apios fortunei* Maxim.）又名菜用土圞儿、香芋、美洲土圞儿、地栗子。豆科（Leguminosae）土圞儿属多年生蔓性草本植物，常作一年生蔬菜栽培。染色体数 $2n=2x=22$。原产北美洲。喜温暖，怕霜冻。用球状块根繁殖。以球状块根供食。山东、江苏、上海等地有栽培。

　　植物学特征：具吸收根和肉质块根，块根圆球形或卵圆形，长径3.0 ~ 8.0cm，黄褐色，肉洁白。地下具匍匐茎（着生块根），地上茎蔓生。叶互生，奇数羽状复叶，叶面光滑。总状花序，偶有单生。花小，淡绿或紫褐色。荚果。

土圞儿繁殖材料——地下球状块根

蕉 芋 （edible canna）

蕉芋（*Canna edulis* Ker.）又名蕉藕、姜芋、食用美人蕉。美人蕉科（Cannaceae）美人蕉属多年生草本植物。染色体数 $2n=2x=18$，$2n=3x=27$。原产西印度群岛和南美洲。喜高温，不耐霜冻。用块茎繁殖。以块茎供食。北京、福建、浙江、江西、云南等地有少量栽培。

植物学特征：植株易生分蘖。茎直立，淡紫红色，断面扁圆形。块茎肉质，长圆形，黄色，顶芽紫红色，肉白色。叶长椭圆形，绿色，边缘或背面淡紫红色。总状花序，花杏黄或红色。蒴果，有瘤刺，三瓣开裂。种子黑色，圆球形。

蕉芋繁殖材料——地下块茎及种子
（引自《中国蔬菜作物图鉴》）

菊 薯 (yacon)

　　菊薯 [*Smallanthus sonchifolius* (Poepp. & Endl.) H. [Robinson] 又名雪莲果、雪莲薯、雅贡、亚贡。菊科（Compositae）菊薯属多年生草本植物，常作一年生蔬菜栽培。原产南美安第斯山。喜温凉，不耐寒。用块茎繁殖。以块根供食。云南、贵州、福建、海南、台湾、湖南等地有少量引种。

　　植物学特征：须根系，具地下块根和块茎。块根肥大，纺锤形，黄褐色，肉淡黄色。块茎着生于根颈部，形状不规则，粉红色。地上茎直立，断面圆形，被稀绒毛。叶宽卵形，被绒毛。头状花序，簇生于茎顶，花黄色。

菊薯繁殖材料——块茎

（引自《中国蔬菜作物图鉴》）

甘 薯 （sweet potato）

甘薯（*Ipomoea batatas* Lamk.）又名红薯、白薯、番薯、红苕、地瓜、山芋。旋花科（Convolvulaceae）甘薯属一年生或多年生蔓性草本植物，常作一年生蔬菜栽培。染色体数 $2n=6x=90$。原产热带美洲。喜温，不耐寒。多用块根、茎蔓扦插繁殖。以块根供食。南北均有栽培，尤以黄淮海平原、长江流域、四川盆地及东南沿海、台湾等地种植较多。城市郊区有以嫩茎叶为产品的菜用栽培。

植物学特征：有吸收根和块根。前者须状；后者纺锤形、圆筒形、圆球形或块状，白、黄、淡红、红或紫红色，肉白、黄、淡黄、橘红色或带有紫晕。茎蔓生，匍匐或半直立。叶掌状或心脏形、三角形、肾形，黄绿、暗绿或紫红色。聚伞花序，腋生，花淡红或紫红色，异花授粉。蒴果，圆球或扁圆球形，成熟时黄色，沿腹缝线开裂，每果含种子 1 ～ 4 粒。种子近圆球、半圆球或多角形，直径约0.3cm，浅褐至褐色，表面具角质层，较坚硬。千粒重约20g。

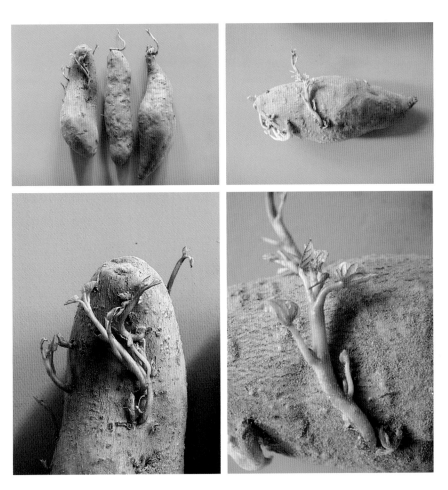

甘薯块根与种子

银 苗 (manyflower betony)

银苗（*Stachys floridana* Schuttl. ex Benth.）又名银条、银根菜、福禄里达蓟。唇形科（Labiatae）水苏属多年生草本植物，常作一年生蔬菜栽培。原产中国。喜温和，地上部不耐霜冻，地下部较耐寒。用根状茎繁殖。以肉质根状茎供食。华北、东北以及中原地区多有栽培。

植物学特征：地下具根状茎，稍肥大，白色，茎节明显。地上茎直立，断面四棱形。叶对生，长圆披针形，叶缘具粗钝锯齿，叶面被白色短毛，叶柄短。穗状花序（由轮伞花序集成）顶生，花紫红、淡红或粉红色。小坚果，卵圆形，但多数花不结实。

银苗繁殖材料——地下根状茎
（引自《中国蔬菜作物图鉴》）

沙 姜 （galanga resurrectionlily）

  沙姜（*Kaempferia galanga* L.）又名山奈、三奈子、三辣。姜科（Zingiberaceae）山奈属多年生宿根性草本植物。分布于亚洲热带及非洲。喜温暖、湿润，不耐寒。用根状茎繁殖。以根茎供食。华南及云南、台湾等地有栽培。

  植物学特征：无地上茎。地下具圆块状根茎，肉质。叶卵圆至阔卵圆形，近全缘，幼叶被柔毛。穗状花序，花白色，花瓣基部或具紫斑。蒴果，长椭圆形。

沙姜繁殖材料——地下根茎

木薯（*Manihot esculenta* Crantz）又名树薯、蕃树薯、大戟薯。大戟科（Euphorbiaceae）树薯属多年生灌木。原产南美洲。喜温暖，耐旱。用茎段扦插繁殖。以嫩茎叶、块根供食。广东、广西、福建、台湾、海南、云南等地有栽培。

植物学特征：茎直立，光滑，多分枝。地下具块根，长圆柱状，肉质。叶互生，掌状3～7深裂，裂片披针至长椭圆状披针形。圆锥花序，花单生，无花瓣。蒴果，圆球形，有纵棱6条。

木薯繁殖材料——茎段及块根
（引自《中国蔬菜作物图鉴》）

十一、水生类蔬菜作物

莲 藕 (lotus root)

　　莲藕（*Nelumbo nucifera* Gaertn.）又名藕、莲、荷，古称芙蕖、芙蓉。睡莲科（Nymphaeaceae）莲属多年生宿根性水生草本植物。染色体数2*n*=2*x*=16。原产中国、印度。喜温暖。用根状茎繁殖。以肉质根状茎、种子供食。主产南方河湖地区。

　　植物学特征：具须状不定根及地下根状茎。由根状茎膨大成藕，并分生子藕、孙藕，短筒至长筒或长条形，白或黄色。叶圆盘状，顶生于叶柄，被蜡质白粉。花单生，白、淡红或红色，异花授粉。假果莲蓬由花托膨大而成，具多数果实；坚果，椭圆或圆球形，果皮革质，坚硬，黑褐或棕褐色，内含种子一粒，种皮膜质。种子在适宜的环境下，可保持较长时间的发芽力。

莲藕种子

茭　白 （water bamboo）

茭白 [*Zizania caduciflora* (Turcz.) Hand.-Mazz.] 又名茭笋、菰首、茭瓜，古称菰。禾本科（Gramineae）菰属多年生宿根性水生草本植物，染色体数 $2n=2x=34$。原产中国。喜温暖，不耐寒冷和高温。用分蘖或分株繁殖。以变态肉质嫩茎供食。主产长江流域及其以南各地。

植物学特征：须根系。茎有短缩茎、匍匐茎和肉质茎。短缩茎先端受黑粉菌侵染刺激后膨大成变态肉质茎，纺锤、蜡台、竹笋状或长条形，表面光滑、皱或略皱，浅绿或白色。叶长披针形，叶鞘层层抱合成假茎。圆锥花序（野生茭）。颖果，圆柱形，长约1.0cm，黑褐色。

茭白繁殖材料——分蘖株与种子
（引自《中国蔬菜作物图鉴》）

慈　姑 (Chinese arrowhead)

　　慈姑（*Sagittaria sagittifolia* L.）又名茨菰、剪刀草、燕尾草，古称藉菇、河凫茈、白地栗。泽泻科（Alismataceae）慈姑属多年生宿根性草本植物，常作一年生蔬菜栽培。染色体数$2n=2x=22$。原产中国。喜温暖，不耐严寒。用球茎繁殖。以球茎供食。主产太湖沿岸及珠江三角洲。

　　植物学特征：须根系。茎有短缩茎、匍匐茎和球茎。球茎圆球形或卵圆形，纵径3.0 ~ 5.0cm，横径3.0 ~ 4.0cm，白、黄白或青紫色，肉白或青紫色，有2 ~ 3道环节（具鳞衣），顶芽尖嘴状，稍弯曲。叶箭形，具长柄。总状花序，花白色。瘦果，扁平，倒卵形，有透明翼状物，具短喙，含种子1枚，褐色，具小凸起。发芽率低，一般不用于繁殖。

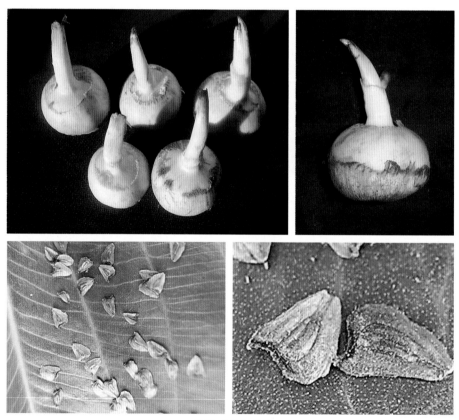

慈姑球茎与种子

水芹 (water dropwort)

　　水芹 [*Oenanthe javanica* (Bl.) DC.] 又名楚葵、蜀芹、刀芹、紫堇，古称蕲。伞形科 (Umbelliferae) 水芹属多年生宿根性水生草本植物。染色体数 $2n=2x=22$。原产中国和东南亚。喜冷凉，较耐寒，不耐热。用匍匐茎繁殖。以嫩株、叶柄、花茎供食。长江流域及其以南各地多有栽培。

　　植物学特征：须根系。地下具匍匐茎，其先端的芽可萌发形成新分株。茎短缩。叶互生，奇数羽状复叶，小叶尖卵圆或广卵圆形，叶缘具钝锯齿。复伞形花序，花白色。双悬果，椭圆或球形，褐色。种子发芽率低，不适于繁殖。

水芹繁殖材料——匍匐茎形成的分株与种子（果实）

荸 荠 （Chinese waterchestnut）

荸荠 [*Eleocharis tuberosa* (Roxb.) Roem. et Schult.] 又名地栗、马蹄，古称芍、凫茈。莎草科（Cyperaceae）荸荠属多年生浅水性草本植物。原产中国南部和印度。喜温暖，不耐霜冻。用球茎繁殖。以球茎供食。长江流域及其以南地区多有栽培。

植物学特征：须根系。具短缩茎、叶状茎、根状茎和球茎。球茎扁圆形，纵径2.0～3.0cm，横径2.5～4.5cm，深红至红黑色，有环节5道。匍匐茎先端芽可形成新分株。叶状茎丛生，管状，细长，绿色。叶片退化，薄膜状，附着于叶状茎基部。部分叶状茎顶生穗状花序，小花螺旋状，贴生。果实近圆球形，内含种子1粒。种子细小，灰褐色，不易发芽。

荸荠繁殖材料——球茎

菱 （water caltrop）

　　菱主要有四角菱（*Trapa quadrispinosa* Roxb.）、无角菱（*T. quadrispinosa* Roxb. var. *inermis* Mao）和两角菱（*T. bispinosa* Roxb.）两个种、一个变种，又名菱角、沙角、水栗，古称芰实。菱科（Trapaceae）菱属一年生浮叶蔓性草本植物。染色体数$2n=2x=36$。起源于亚洲和欧洲的温暖地区，栽培种原产中国和印度。喜温暖，不耐霜冻。用种子繁殖。以果实供食。长江流域及其以南各地多有栽培。

　　植物学特征：须根系。茎蔓生。初生真叶呈狭长线形，无叶柄；出水后新叶近三角形，叶柄具膨大的气囊（浮器），可助漂浮；叶互生，但出水后茎的节间短缩，叶即近轮生状排列，形成菱盘，菱盘常有叶40～60片，直径33～40cm。花单生，白或粉红色。坚果，具2或4个果角或无角，菱形、弓形、近锚形或三角、弯牛角、元宝形，果皮革质，具瘤状物和纹饰，绿或紫红色。种子（菱米）倒钝三角形。

菱种子（果实）
（引自《中国蔬菜作物图鉴》）

豆瓣菜 （water cress）

　　豆瓣菜（*Nasturtium officinale* R. Br.）　又名西洋菜、水蔊菜、水田芥、无心芥。十字花科（Cruciferae）豆瓣菜属一、二年生水生草本植物。染色体数$2n=2x=32$，34，36，48，60。原产欧洲。喜冷凉、湿润。以分株或种子繁殖。以嫩茎叶供食。华南、西南及东南沿海、台湾等地多有栽培。

　　植物学特征：须根系，易生不定根。茎匍匐或半匍匐，断面圆形，中空，多分枝。叶互生，奇数羽状复叶，具小叶2～4对，近圆或矩形，绿或褐色。总状花序，花白色。长荚果，圆柱形，略扁，含多数种子。种子卵圆至圆球形，略扁，直径约0.75mm，红黄褐色，解剖镜下表面可见蜂巢状网纹。千粒重0.15～0.20g。

豆瓣菜种子

芡实 (cordon euryale)

芡实（*Euryale ferox* Salisb.）又名芡、鸡头米、鸡头、乌头，古称雁喙、卵菱。睡莲科（Nymphaeaceae）芡实属多年生水生草本植物，常作一年生蔬菜栽培。染色体数 $2n=2x=58$。原产中国和东南亚。喜温暖，不耐霜冻。用种子繁殖。以种子（芡米）、叶柄、果柄供食。淮河流域及其以南各地多有栽培。

植物学特征：须根系。茎短缩。初生叶线形；此后出生的叶箭形或盾形；成龄叶圆形，阔大，浓绿色，有明显的起伏皱褶，叶背深紫色，掌状网脉突出，形似蜂巢，上有刚刺。花单生，紫或白色，以自花授粉为主。假果，圆或长圆形，顶端宿存花萼突出似鸡头，无刺或有刺。种子圆球形，直径 1 ~ 1.6cm，其外有假种皮，膜状，种壳坚硬。千粒重 1 240 ~ 2 040g。在潮湿的环境中，发芽力可保持6年以上。

芡实假果与种子

莼 菜 (water shield)

　　莼菜（*Brasenia schreberi* J. F. Gmel.）又名蓴菜、凫葵、水葵、马蹄草。睡莲科（Nymphaeaceae）莼菜属多年生宿根性水生草本植物。染色体数 $2n=6x=72$。原产中国。喜温，不耐高温和霜冻。用越冬地下茎、冬芽繁殖。以嫩梢、初生卷叶供食。主产浙江、江苏、江西、湖南、四川、云南等地，尤以杭州西湖、江苏太湖的产品最为著名。

　　植物学特征：须根系。茎分水中茎和地下匍匐茎。匍匐茎多节，每节均可由芽萌发成丛生状、具分枝的水中茎，其上部着生带有初生卷叶的嫩梢，并包被透明的胶质。叶互生，成龄叶椭圆形，盾状着生，浮水。花单生，粉红或绿色。果实革质。种子卵圆形，淡黄色或褐色，发芽力弱，一般不用于繁殖。

莼菜繁殖材料——地下茎形成的冬芽与果实、种子
（引自《中国蔬菜作物图鉴》）

香 蒲 (common cattail)

　　香蒲有宽叶香蒲（*Typha latifolia* L.）、窄叶香蒲（水烛）（*T. angustifolia* L.）和东方香蒲（*T. orientalis* Presl），又名蒲菜、蒲笋、草芽、蒲儿菜、甘蒲，古称蒲。香蒲科（Typhaceae）香蒲属多年生水生草本植物。染色体数$2n=2x=30$。原产中国。喜温、喜湿。用分株繁殖。以假茎和嫩芽、根状茎、花茎供食。云南、江苏、山东等地有栽培。

　　植物学特征：须根系，较发达。具地下根状茎，根状茎顶芽可萌发形成分株。茎短缩。叶对生，叶片细长，扁平披针形，深绿色，叶鞘层层抱合成假茎。圆筒状肉穗花序，顶生，棍棒形，灰褐色。小坚果，褐色。种子椭圆形，因发芽力弱，且易产生变异，一般不用于繁殖。

香蒲繁殖材料——分株
（引自《中国蔬菜作物图鉴》）

十二、多年生及杂类蔬菜作物

蔬·菜·作·物·种·子·图·册

芦 笋 (asparagus)

芦笋（*Asparagus officinalis* L.）又名石刁柏、龙须菜、松叶土当归、野天门冬。百合科（Liliaceae）天门冬属多年生宿根性草本植物。染色体数 $2n=2x=20$。原产地中海东岸及小亚细亚地区。喜温凉，耐高温能力弱。用种子或分株繁殖。以嫩茎供食。福建、浙江、安徽、河南、四川、陕西及台湾等地多有栽培。

植物学特征：须根系。茎有初生茎（主茎）、地下茎和地上茎。地下茎为变态茎，有密集的节，节上着生鳞片（三角形的退化叶），叶腋有"鳞芽"，茎端密集成"鳞芽群"，鳞芽可萌发为地上茎形成植株。叶退化为三角形薄膜状鳞片，但具有簇生于叶腋的变态针形叶状枝即拟叶。花钟形，淡黄色，雌雄异株，异花授粉。浆果，成熟后红色，有种子3～6粒。种子黑色，近半球形，稍有棱角，坚硬。千粒重20g左右。生产上宜使用采后经妥善贮藏1～2年的种子（北方），或用新种子（南方）。

芦笋种子

　　黄花菜主要有黄花菜（*Hemerocallis citrina* Baroni）、北黄花菜（*H. lilio-asphodelus* L.）、小黄花菜（*H. minor* Mill）、萱草[*H. fulva* (L.) L.] 4个种，又名金针菜、萱草，古称谖草。百合科（Liliaceae）萱草属多年生宿根性草本植物。染色体数 $2n=2x=22$。原产亚洲、欧洲。对温度适应性广，地上部不耐霜冻，短缩茎和根耐严寒。用分株或种子繁殖。以花蕾供食。各地均有栽培，甘肃庆阳、山西大同、湖南邵东等地均为传统产区。

　　植物学特征：根系发达，有肉质根和纤细根。茎短缩。叶片对生，狭长，叶鞘层层抱合成扁阔的假茎。圆锥花序，花黄或黄褐色，花被基部合生呈筒状，上部分为6瓣。蒴果，长圆形，具3棱，成熟时暗褐色，三瓣顶裂，每果含种子数粒至20多粒。种子呈三角状卵圆或半圆球形，略扁，长5.1～5.3mm，宽2.8～3.8mm，厚1.1～2.9mm，表面凹凸不平，黑色，有光泽，坚硬。解剖镜下可见稀网纹及不规则凹窝和棱脊。千粒重16.2g。常温下种子发芽力较难保持。

黄花菜繁殖材料——分株与种子

百 合 (edible lily)

百合主要有卷丹百合（*Lilium lancifolium* Thunb.）、川百合（*L. davidii* Duch.）、龙牙百合（*L. brownii* F. E. Br. ex Miellez var. *viridulum* Baker），又名夜合、中蓬花、蒜脑薯、山蒜头，古称䕽。百合科（Liliacea）百合属多年生宿根性草本植物。染色体数 $2n=2x=24$。原产亚洲东部温带地区。对温度适应性较广，地上部不耐霜冻，鳞茎耐严寒。用鳞茎、珠芽、鳞片或种子繁殖。以鳞茎供食。甘肃、山西、江苏、浙江、湖南、江西等地多有栽培。

植物学特征：须根系。具地下鳞茎，由鳞叶（即鳞片）层层抱合而成，圆球、扁圆球或卵圆形。地上茎直立，有的种类在茎的叶腋间着生"珠芽"（气生鳞茎），茎基入土部分着生"籽球"（小鳞茎）。叶互生或稀轮生，披针、倒披针或条形。总状或呈伞形花序，花单生，花红、黄、白或绿色。蒴果，近圆球或长椭圆形，三裂，有种子200多粒。种子片状，钝三角形，褐色。千粒重2.0～4.0g。

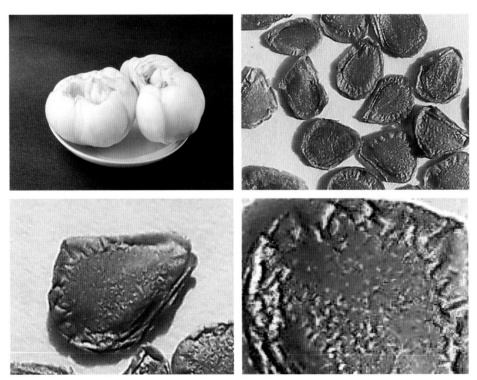

百合繁殖材料——鳞茎与种子
（引自《中国蔬菜作物图鉴》）

香 椿 (Chinese toon)

香椿(*Toona sinensis* Roem.)又名红椿、椿花、椿甜树，古称杶、櫄。楝科(Meliaceae)香椿属多年生落叶乔木。染色体数$2n=2x=52,56$。原产中国。喜温暖、湿润。用种子、根蘗、根段或枝条扦插繁殖。以芽、幼苗供食。山东、河南、江苏、安徽、河北、辽宁及台湾等地多有栽培。

植物学特征：主干挺直或呈灌木状。偶数羽状复叶（幼树多为单数），互生，小叶矩圆状披针形，先端尖，基部圆，叶缘有锯齿或全缘，绿色，背面淡绿或红褐色，叶柄绿或红色，具芳香。刚萌发的芽和幼叶多为黄红、棕红或红褐色，叶面油亮。圆锥花序，顶生，花白色。供扦插用的一年生枝暗黄灰、红褐或灰绿色，有光泽，皮孔明显，叶痕圆而大。蒴果，狭椭圆或近卵圆形，深褐色，5瓣裂开。种子近半圆形或椭圆形，棕褐色，扁平，上端有木质长膜翅。种子长0.5~0.7cm，厚0.08~0.12cm；膜翅长1.0~1.2cm，宽0.6~0.8cm，厚0.020~0.025cm。千粒重12.0~20.0g。种子发芽力一般只能保持1年，生产上多使用新种子。

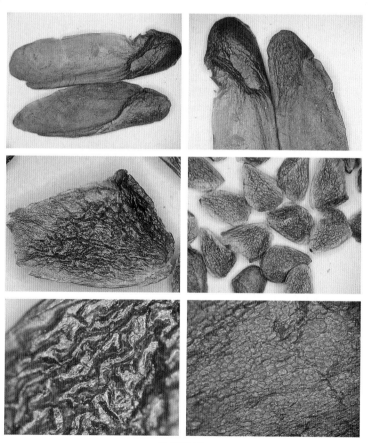

香椿种子

枸 杞 （Chinese wolfberry）

枸杞（*Lycium chinense* Mill.）又名枸杞头、枸杞籽、枸杞菜。茄科（Solanaceae）枸杞属多年生落叶灌木。染色体数 $2n=2x=24$，$2n=3x=36$，$2n=4x=48$。原产中国。喜温暖，不耐炎热。多用枝条扦插或分株繁殖。以嫩茎叶、果实供食。宁夏、广东、广西及台湾等地多有栽培，其中宁夏为果用枸杞著名产区。

植物学特征：茎具棘刺，嫩茎绿色。叶互生或簇生，卵圆或长椭圆形，全缘。花单生、双生或簇生于叶腋，粉红或紫红色，自花授粉。浆果，卵圆、长卵圆、圆形或棒状，红、橙红、橙黄或紫黑色，含种子20～50粒。种子扁肾脏形，长2.5～3mm，浅黄或黄褐色。千粒重0.7g。种子发芽力一般可保持5年，生产上多使用采后第1～3年的种子。

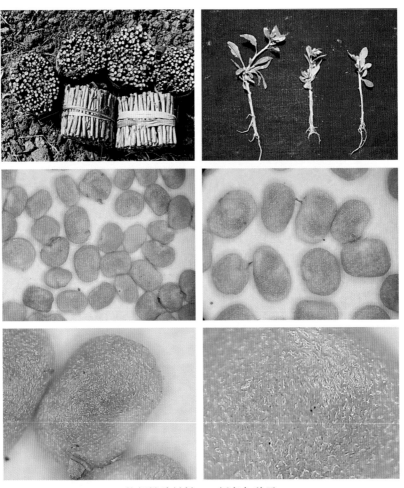

枸杞繁殖材料——插条与种子

草 莓 (strawberry)

　　草莓（*Fragaria ananassa* Duch.）又名凤梨草莓、菠萝草莓、地莓、菠萝莓。蔷薇科
（Rosaceae）草莓属多年生草本植物。染色体数 $2n=8x=56$。原产中国、欧洲和北美洲。喜
温和，不耐热。用匍匐茎、分株、种子繁殖。以果实供食。全国各地均有栽培。

　　植物学特征：浅根系，地下具根状茎。地上茎有新茎（当年萌发形成的茎）和匍匐
茎（由短缩茎上的芽萌发而成），新茎密生叶片，节间短缩；匍匐茎为重要繁殖器官。三
出复叶，小叶圆、椭圆、长椭圆或倒卵圆形，叶缘有缺刻状锯齿；叶柄细长，被绒毛。
聚伞花序，花白色。聚合果，橙至深红色，表面附有多数子房受精后膨大形成的瘦果，
各含种子一粒。

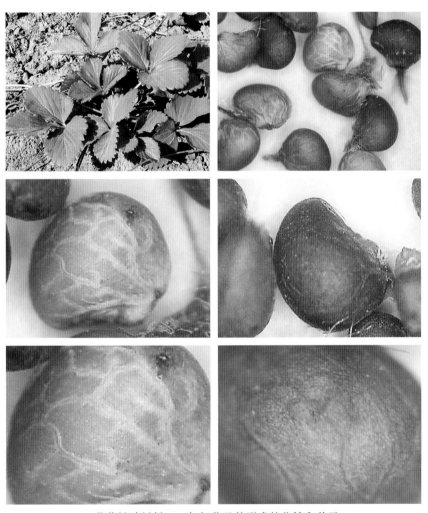

草莓繁殖材料——匍匐茎及其形成的分株和种子

蘘 荷 (mioga ginger)

蘘荷 [*Zingiber mioga* (Thunb.) Rosc.] 又名茗荷、阳藿、野姜、蘘草、观音花。姜科 (Zingiberaceae) 姜属多年生草本植物。染色体数 $2n=6x=72$。原产中国。喜温、怕寒，喜湿、不耐涝。用地下茎繁殖。以嫩芽、膨大花穗、地下茎供食。江苏、安徽、江西、浙江、湖南等地有零散栽培。

植物学特征：须根系。具地下匍匐茎，可抽生紫红色嫩芽（蘘荷笋），见光后转绿色并形成新株。叶互生，长椭圆或线状披针形，光滑。穗状花序，自地下茎抽生，苞片呈覆瓦状，亦称蘘荷子，花淡黄或白色。蒴果，倒卵形，3裂。种子圆球形，黑色，被白或黄色假种皮。

蘘荷繁殖材料——地下茎及其形成的分株
（引自《中国蔬菜作物图鉴》）

笋用竹 (bamboo shoot)

　　笋用竹主要有绿竹 [*Sinocalamus oldhami* (Munro) McClure]、麻竹 [*Sinocalamus latiflorus*（Munro）McClure]、毛竹（*Phyllostachys pubescens* Mazel ex H. De Lehaie）和早竹（*Phyllostachys praecox* C. D. Chu et C. S. Chao）等，依次又名吊丝竹、石竹，甜竹、青甜竹，楠竹、江南竹和早园竹、雷竹。禾本科（Gramineae）多年生常绿植物。染色体数：绿竹 $2n=6x=68$，70，72；麻竹 $2n=2x=70$，72，68，64；毛竹和早竹 $2n=2x=48$。原产中国。喜温湿。用整株、竹蔸、竹鞭或种子繁殖。以嫩芽（笋）供食。南方多有栽培。

　　植物学特征：地下部有根、地下茎（竹鞭）及秆基或竹鞭茎节上着生的肥大短缩芽（笋）。地上部具秆、枝、叶、花、果（颖果）等。毛竹、早竹为散生型竹种，其竹笋由地下竹鞭的侧芽萌发形成，故用竹鞭进行繁殖。麻竹、绿竹为丛生型竹种，无竹鞭，其竹笋由母竹秆基部的大芽萌发形成，故用竹蔸进行繁殖。

笋用竹繁殖材料——地下茎（竹鞭）及其形成的分株

菜 蓟 （artichoke）

　　菜蓟（*Cynara scolymus* L.）又名朝鲜蓟、洋蓟、法国百合、荷花百合。菊科（Compositae）菜蓟属多年生草本植物。染色体数$2n=2x=34$。原产地中海沿岸。喜湿润，忌干热。用种子或分株繁殖。以总苞、花托及叶柄（软化）供食。上海、浙江、云南、湖南及台湾等地有栽培，尤以台湾较多。

　　植物学特征：直根系，根肉质。茎短缩。基生叶莲座状，羽状深裂，肥大；茎生叶互生，无叶柄；叶背密被绒毛。头状花序，总苞卵圆或近圆球形，总苞片光滑，硬革质，基部肉质，花红紫色，异花授粉。瘦果，倒卵圆形，略扁，长7.0～7.8mm，宽3.5～4.3mm，厚2.3～3.1mm灰或浅灰褐色，常有灰褐色纵条纹，光滑，稍有光泽。千粒重40～60g。种子发芽力可保持6年左右。

菜蓟种子（果实）

辣 根 (horseradish)

辣根 [*Armoracia rusticana* (Lam.) Gaertn.] 又名西洋山嵛菜、山葵萝卜、马萝卜。十字花科（Cruciferae）辣根属多年生草本植物。染色体数$2n=4x=32$。原产欧洲东部和土耳其。喜冷凉。用肉质根段或侧枝扦插繁殖。以根、叶供食。东部沿海城市郊区有少量栽培。

植物学特征：直根系，肉质根长圆柱或长圆锥形，黄白色，具4列侧根，易生不定芽，肉白色，具辛辣味。基生叶长圆状卵形，具长叶柄；茎生叶广披针形，无叶柄或具短柄。总状花序，花白色。短角果，卵圆至椭圆形，果瓣隆起，具网状脉，无中脉，成熟时易开裂，一般不易结实，内含种子8～10粒。种子小，扁圆形，淡褐色。

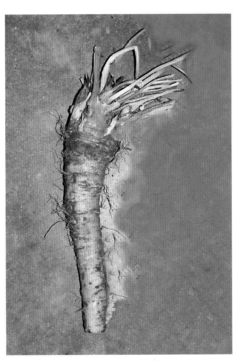

辣根繁殖材料——肉质根
(引自《中国蔬菜作物图鉴》)

食用大黄 （garden rhubarb）

　　食用大黄（*Rheum rhaponticum* L.）又名大黄、圆叶大黄、酸菜。蓼科（Polygonaceae）大黄属多年生草本植物。染色体数$2n=4x=44$。原产中国。喜凉爽。用种子繁殖。以叶柄供食。内蒙古、台湾等地有少量种植。

　　植物学特征：具纤维状根及地下根茎。基生叶丛生，掌状浅裂；叶柄长而肥厚，浅绿或红色。圆锥形花序，花浅绿或黄白色，无花冠，异花授粉。瘦果，长圆形，具三翼膜状翅，基部心脏形，端部略有缺口，长7.0～9.8mm，宽4.0～7.0mm，平滑无毛，褐至棕褐色。千粒重20g左右。种子发芽力可保持3年左右。

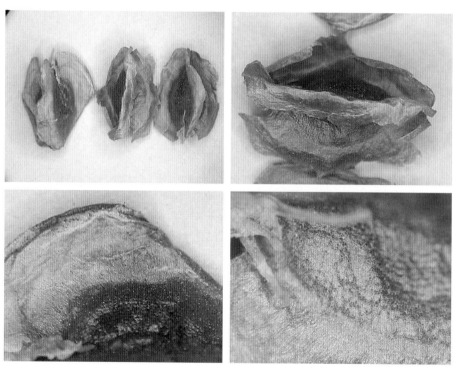

食用大黄种子（果实）

黄秋葵 (okra, baby's finger)

　　黄秋葵 [*Abelmoschus esculentus* (L.) Moench] 又名羊角豆、秋葵、羊角菜、角豆、软豆。锦葵科（Malvaceae）秋葵属一年生草本植物。染色体数$2n=4x=29$，36。原产于非洲、埃及及加勒比海一带。喜温，耐热，不耐寒。用种子繁殖。以嫩果供食。城市郊区有少量栽培。

　　植物学特征：直根系，主根发达。茎直立，圆柱形，绿或暗紫色。叶互生，掌状3～5裂，具茸毛，叶缘具缺刻。花单生于叶腋，花瓣黄色或上部黄色，基部紫红色。蒴果，圆锥形或羊角形，密被茸毛，羊角形果具5～8条纵棱，嫩果绿或红色，成熟果黄褐色，自然开裂，有种子50～60粒或更多。种子近圆球形，直径4.0～6.0mm，灰绿至灰黑色，解剖镜下可见灰色环状断续条纹，种脐较大。千粒重55g。种子发芽力可保持3～5年。

黄秋葵种子

桔 梗 (balloonflower)

桔梗 [*Platycodon grandiflorus*（Jacq.）A．DC.]又名地参、四叶菜、绿花根、梗草。桔梗科（Campanulaceae）桔梗属多年生草本植物。染色体数$2n=2x=18$。原产东亚。喜温和、湿润。用种子或分株繁殖。以嫩茎叶、肉质根供食。东北、华北、华中及广东、广西均有栽培。

植物学特征：肉质根长圆锥或圆柱形，黄褐或灰褐色，肉白色。茎直立，光滑无毛。叶对生或3～4片轮生，上部叶互生，卵状披针形，叶缘具锐锯齿，近无叶柄。总状花序，花蓝紫色或白色。蒴果，倒卵锥形，成熟后棕褐色，顶端5裂，内含多数种子。种子倒卵圆或长倒卵圆形，一侧具窄翼，扁平，长2.0～2.6mm，宽1.2～1.6mm，厚0.6～0.8mm,棕褐至黑褐色，有光泽。解剖镜下可见深色纵向条线状纹。千粒重0.04～1.40g。种子发芽力可保持1～2年。

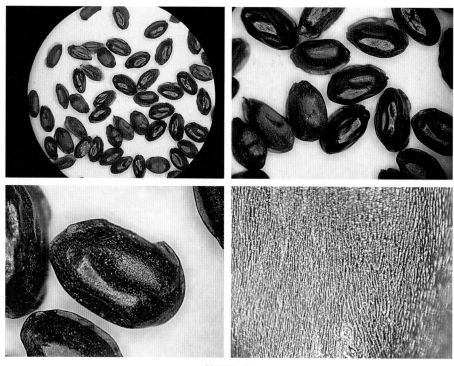

桔梗种子

菜用玉米 （sweet corn）

菜用玉米（*Zea mays* L.）又名菜玉米、甜玉米、糯苞谷、玉笋、甜苞谷。禾本科（Gramineae）玉蜀黍属一年生草本植物。染色体数$2n=2x=20$。原产中、南美洲的高海拔地区。喜温。用种子繁殖。以嫩籽粒、果穗供食。各地均有栽培。

植物学特征：须根系，发达，茎基部叶节易生不定根。茎秆直立。叶线状披针形，中脉发达，叶鞘具横脉。雌雄异花同株，雄花为分散圆锥花序，顶生；雌花为肉穗花序，腋生，花柱细长，线形，苞叶发达，异花授粉，风媒。颖果，密生于果穗轴上，呈不规则扁圆形，白、黄、紫色，千粒重160～220g（甜玉米）或250g左右（糯玉米）。种子发芽力可保持约18个月。

糯玉米种子（果实）

菊 花 （florists chrysanthemum）

菊花（*dendranthema morifolium* Ram. Tzvel.）又名食用菊、甘菊、寿客、料理菊、黄华。菊科（Compositae）菊属多年生宿根性草本植物。染色体数$2n=5x=45$，$2n=6x=54$，$2n=8x-1=71$。原产中国。也有学者认为原产中国、日本及欧洲。喜温和，不耐高温，较耐寒。用枝条扦插或分根繁殖。以花瓣供食。城市郊区有少量食用栽培。

植物学特征：直根系。茎直立。叶互生，卵圆至披针形，羽状浅裂或深裂。头状花序，花色多样、鲜艳。瘦果，一般不发育。

菊花枝条扦插苗
（引自《中国蔬菜作物图鉴》）

　　款冬（*Tussilago farfara* L.）又名冬花、虎须、蕗。菊科（Compositae）款冬属多年生宿根性草本植物。染色体数 $2n=3x=87$。原产亚洲北部，也有学者认为原产中国及欧洲和非洲。喜冷凉、湿润，地上部遇霜冻即枯死，地下部耐寒。用分株繁殖。以叶柄、花蕾供食。城市郊区有少量栽培。

　　植物学特征：具地下根状茎，褐色，可萌生分株。叶大而柔软，密生短毛，叶柄柔软多肉。花茎淡紫色，被白色茸毛，具互生鳞片状叶10余片，头状花序。瘦果，通常不结实。

款冬繁殖材料——分株
（引自《中国蔬菜作物图鉴》）

辽东楤木 （Japanese aralia）

辽东楤木 [*Aralia elata* （Miq.） Seem.] 又名龙牙楤木、刺老牙、刺老包。五加科（Araliaceae）楤木属多年生落叶小乔木。原产中国、日本及朝鲜半岛。对温度适应性强，耐寒，但温和、湿润气候更利于生长。用种子、分株或枝条扦插繁殖。以嫩芽供食。辽宁、河北等地有栽培。

植物学特征：树干灰色，具坚刺。叶互生，2～3回单数羽状复叶，集生于枝顶，具刺。圆锥花序（由小伞形花序组成），花淡黄色。浆果状核果，球形，具五棱，顶端有展开的宿存花柱，成熟时黑色。

辽东楤木果实与种子

芦荟 [*Aloe vera* L. var. *chinensis* (Haw.) Berg.] 又名中华芦荟、元江芦荟、象鼻草、罗纬草、油葱、龙角。百合科（Liliaceae）芦荟属多年生草本植物。原产于非洲、地中海沿岸，中华芦荟起源于中国。喜温暖，耐干热，不耐寒。用分株、分芽、种子繁殖。以叶片供食。多作观赏栽培，城市郊区有少量菜用栽培。

植物学特征：须根系。茎短缩。叶簇生，条状披针形，中上部渐尖，绿色，布有白色斑点，叶缘具稀疏的刺状小齿，肥厚多汁。总状花序，花淡黄或紫色带斑点，异花授粉，不易结实。蒴果，三角形。

芦荟繁殖材料——分株
（引自《中国蔬菜作物图鉴》）

树番茄 (tree tomato)

　　树番茄（*Cyphomandra betacea* Sendt.）又名木本番茄、立木番茄、木茄。茄科（Solanaceae）树番茄属多年生常绿或落叶灌木。原产美洲亚热带地区，也有学者认为原产南美洲等地。喜温，不耐涝。用种子或枝条扦插繁殖。以果实供食。云南、福建、浙江、河南、海南等地有少量栽培。

　　植物学特征：根系发达。株高2～3m。分枝习性同番茄。叶互生，阔大，卵圆形，全缘。聚伞花序，花紫红或白色。浆果，卵圆形，光滑，嫩果浅绿紫色，成熟果橙黄色、伴有紫色条状斑，含多数种子。种子扁圆形，褐色，被银色短茸毛。

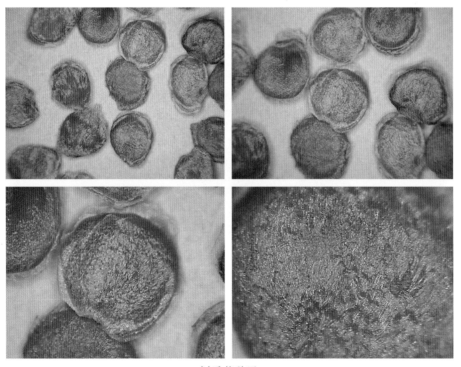

树番茄种子

　　蕨菜 [*Pteridium aquilinum* (L.) Kuhn. var. *latiusculum* (Desv.) Underw.] 又名蕨儿菜、鹿蕨菜、蕨薹、龙头菜、龙须菜、拳头菜。凤尾蕨科（Pteridiaceae）蕨属多年生草本蕨类植物。分布于热带、亚热带、温带地区。喜温和、湿润，不耐干旱。用孢子或根状茎繁殖。以幼嫩叶柄及未展开的叶芽供食。东北及内蒙古、陕西、浙江等地有少量栽培。

　　植物学特征：地下根状茎匍匐生长。新生叶呈拳头状向内卷曲，被茸毛。奇数三回羽状复叶，略呈卵状三角形，革质，叶柄长，无毛，叶面着生子囊群，棕褐色，子囊含大量孢子。

蕨菜根状茎形成的株苗
（引自《中国蔬菜作物图鉴》）

量天尺 (night-blooming cereus)

　　量天尺 [*Hylocereus undatus* (Haw.)Britt.et Rose] 又名霸王花、霸王鞭、三棱箭、三角柱。仙人掌科（Cactaceae）量天尺属多年生攀缘性肉质灌木。原产于墨西哥至巴西一带。喜温暖，耐炎热，不耐寒，耐旱。用嫩茎扦插繁殖。以花、果实（火龙果、红龙果）供食。广东、广西等地多有栽培。

　　植物学特征：直根系。茎部易生气生根。茎粗壮肉质，三棱柱形，棱边较宽，波浪形，具灰色硬刺。花漏斗形，花萼管状，黄绿或淡红紫色，花瓣白色。浆果，长圆球形，成熟时红色。种子芝麻状，黑色。

量天尺（霸王花）繁殖材料——嫩茎及果实与种子

仙人掌 (prickly pear)

仙人掌 [*Opuntia ficus-indica* (L.) Mill.] 又名仙巴掌、观音掌、龙舌、霸王树、刺梨。仙人掌科（Cactaceae）仙人掌属多年生草本植物。原产美洲。喜温暖，耐热，不耐寒。用茎节片扦插繁殖。以茎节片供食。广东、台湾、海南等地多有栽培。

植物学特征：灌木状，具分支。嫩茎肉质多汁，扁平，卵形，深绿色，无刺或稍具刺。花黄色。浆果，肉质，紫红色。

仙人掌繁殖材料——茎节片

守宫木 (common sauropus)

　　守宫木 [*Sauropus androgynus* (L.) Merr.] 又名泰国枸杞、天绿香、越南菜、树豌豆。大戟科（Euphorbiaceae）龙足印属多年生常绿灌木。分布于中国西南和海南，以及越南、印度、印度尼西亚、菲律宾等地。喜温暖、潮湿。用种子或枝条扦插繁殖。以嫩茎叶供食。海南、广东、广西等地有栽培。

　　植物学特征：茎直立。叶互生，披针、卵状披针或卵圆形。花簇生于叶腋，单性，雌雄同株，无花瓣，花萼浅盘状（雄花）或6深裂（雌花），淡紫红色。蒴果，扁圆球形。种子三棱形，黑色。

守宫木繁殖材料——一年生枝条

过沟菜蕨 （vegetable fern）

　　过沟菜蕨 [*Anisogonium esculentum* (Retz.) Presl] 又名过猫、过山猫、蕨猫、过沟菜、食用双盖蕨。蹄盖蕨科（Athyriaceae）过沟菜蕨属多年生草本植物。原产中国台湾、印度及波利尼西亚。喜温、喜阴湿，耐湿、耐热。用分株或孢子繁殖。以嫩芽供食。台湾多有栽培。

　　植物学特征：丛生，茎直立，木质化。叶为一回、二回或三回羽状复叶，叶背面着生子囊群，棕褐色，子囊含大量孢子。

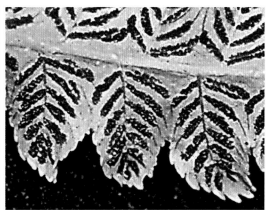

过沟菜蕨子囊群
（引自《中国蔬菜作物图鉴》）

巢 蕨 (burd's - nest fern)

巢蕨 (*Asplenium nidus* L.) 又名台湾山苏花、雀巢蕨、雀巢羊齿、歪头菜。铁角蕨科 (Aspleniaceae) 铁角蕨属多年生草本植物，原产中国台湾、印度及波利尼西亚。喜温、喜阴湿。用分株或孢子繁殖。以嫩芽供食。台湾等地有栽培。

植物学特征：根茎短，具鳞片。叶丛生，直剑形，无叶柄，中肋有棱或无，绿色，叶背面着生子囊群，棕褐色，子囊内含大量孢子。

巢蕨子囊群与孢子
(引自《中国蔬菜作物图鉴》)

食茱萸 （ailanthus pricklyash）

食茱萸（*Zanthoxylum ailanthoides* Siebold et Zucc.）又名红刺葱、大叶刺葱越椒、刺江某。芸香科（Rutaceae）花椒属多年生落叶乔木，分布于中国东南沿海、台湾及日本。喜高温、湿润。用种子繁殖。以叶片、嫩芽、果实供食。各地有零星栽培。

植物学特征：干枝基部常具锐刺。奇数羽状复叶，小叶互生，披针状长椭圆形，叶缘具细锯齿，叶背粉白色，具油腺，有香味。聚伞花序，花淡青或白色。骨葖果，红色。种子椭圆或近似半月形，棕黑色，有光泽。

食茱萸种子
（引自《中国蔬菜作物图鉴》）

十三、香草类蔬菜作物

薄 荷 (mint)

　　薄荷（*Mentha haplocalyx* Briq.）又名苏薄荷、蕃荷菜、仁丹草，古称茇菰。唇形科（Labiatae）薄荷属多年生宿根性草本植物。原产日本、朝鲜和中国。喜温，耐热，不耐寒。用根茎、种子繁殖。以嫩茎叶供食。各地均有栽培，尤以江苏、江西、安徽、浙江、云南等地栽培较多。

　　植物学特征：根系发达，具地下匍匐茎。地上茎断面方形，叶腋着生侧枝。叶对生，卵圆或长卵圆形，叶面有核桃纹，叶缘具锯齿。全株密生微柔毛。轮伞花序，腋生，唇形花，淡紫色。坚果，长圆球形，较小，黄褐色，无毛。种子较小。

薄荷种子（果实）

莳萝 (dill)

莳萝（*Anethum graveolens* L.）又名土茴香、草茴香、茴香草，古称慈谋勒。伞形科（Umbelliferae）莳萝属一、二年生草本植物。染色体数 $2n=2x=10$。原产地中海沿岸地区。喜温暖、湿润，不耐高温和寒冷。用种子繁殖。以嫩叶、种子供食。新疆多有栽培，华南各地也有栽培，城市郊区有零星种植。

植物学特征：根系浅。茎短缩。叶轮生，三回羽状全裂，小裂片线状。伞形花序，花淡黄色，无花被，异花授粉。双悬果，椭圆形，扁平，长3.0～5.0mm，宽2.0～3.0mm，厚约1.0mm，棕黄至黑棕色，无刺毛，解剖镜下背面可见数条纵棱突起和条斑，两侧纵棱延展成翅状。千粒重1.2～2.6g。种子发芽力一般可保持3年或稍长。

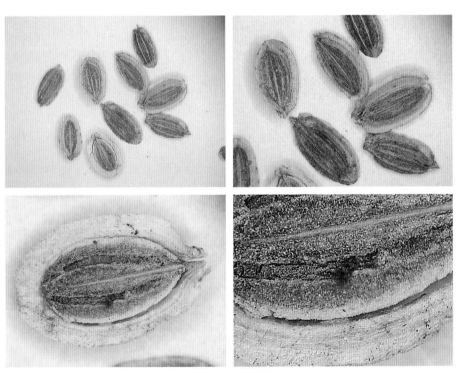

莳萝种子（果实）

香芹菜 (parsley)

香芹菜 [*Petroselinum crispum* (Mill.) Nym. ex A. W. Hill] 又名荷兰芹、法国香芹、洋芫荽、欧芹。伞形科 (Umbelliferae) 欧芹属一、二年生草本植物。染色体数 $2n=2x=22$。原产欧洲南部地中海沿岸。喜冷凉、湿润，不耐热。用种子繁殖。以嫩叶、肥大肉质根供食。城市郊区有少量栽培。

植物学特征：直根系，直根肥大、肉质（根香芹）。茎短缩。叶簇生，三回羽状复叶，叶缘具锯齿。复伞形花序，花白或浅绿色，异花授粉。双悬果，近圆形，较小，灰褐或浅褐色，解剖镜下可见数条纵棱突起。千粒重2.0 ~ 2.9g。种子发芽力一般可保持3年以上。

香芹菜种子（果实）

罗 勒 (sweet basil)

罗勒（*Ocimum basilicum* L.）又名九层塔、薰草、零陵香、兰香草、光明子、西王母菜。唇形科（Labiatae）罗勒属一、二年生草本植物。染色体数$2n=2x=48$。原产东非、印度、埃及。喜温暖，适应性强。用种子或枝条扦插繁殖。以嫩茎叶供食。河南、安徽、湖北、台湾等地多有栽培。

植物学特征：茎圆柱形，花茎四棱形，多分枝。叶对生，卵圆形，近全缘。全株被疏软毛。假总状花序，顶生，由多层轮伞小花序组成，花白或淡紫色。坚果，椭圆形，略扁，长2.2 ~ 2.9mm，宽1.5 ~ 1.8mm，厚1.0 ~ 1.5mm，棕至棕黑色，略有光泽，解剖镜下可见密布的细小疣状突起，果皮坚硬。千粒重2.0g左右。种子发芽力一般可保持8年。

罗勒种子（果实）

紫 苏 （purple common perilla）

紫苏 [*Perilla frutescens* (L.) Britt.] 有回回苏（var. *crispa* Decne）、野生紫苏 [var. *acuta* (Thunb.) Kudo] 和耳齿紫苏（var. *auriculato-dentata* Wu et Li）三个变种，又名赤苏、白苏、香苏、苏叶、回回苏、荏、桂荏。唇形科（Labiatae）紫苏属一年生草本植物。染色体数 $2n=2x=38$，40。原产中国、印度。喜温暖、湿润。用种子繁殖。以茎叶、花穗、芽苗供食。华北、华中、华南、西南及台湾等地多有栽培。

植物学特征：须根系。茎直立，断面方形，密生细柔毛，绿或紫色，多分枝。叶对生，卵圆或宽卵圆形，绿紫或紫色，叶缘具锯齿，叶面密被长柔毛，皱缩或无。假总状花序，由多层轮伞小花序组成，顶生或腋生，花白、粉或紫色。坚果，宽倒卵或近球形，长 1.8～2.6mm，宽 1.6～2.4mm，厚 1.2～2.0mm，棕灰、黄棕至深褐色，解剖镜下可见稍突起的网纹，内含种子一枚。千粒重 0.8～1.8g。种子发芽力一般可保持 1 年。

紫苏种子（果实）

白紫苏种子（果实）

刺 芹 （foecid eryngo）

　　刺芹（*Eryngium foetidum* L.）又名刺芫荽、假芫荽、野香草、节节花。伞形科（Umbelliferae）刺芹属一年生草本植物。分布于东南亚、中南美洲和非洲，中国主要分布于云南、广西和广东。喜温，耐热，怕霜。用种子或分株繁殖。以嫩茎叶供食。云南等地有少量栽培。

　　植物学特征：根系浅。根出叶，倒披针形，叶缘具波状锯齿，齿端具硬刺。聚伞花序（由头状花序组成），花白或淡绿色。双悬果，卵圆形，略扁，褐色，解剖镜下可见瘤状突起。

刺芹繁殖材料——分株与种子（果实）

鸭儿芹 (Japanese hornwort)

鸭儿芹（*Cryptotaenia japonica* Hassk.）又名三叶芹、山芹菜、野蜀葵、三蜀葵。伞形科（Umbelliferae）鸭儿芹属多年生宿根性草本植物，常作一年生蔬菜栽培。染色体数$2n=2x=22$。原产亚洲。喜冷凉、潮湿。用种子繁殖。以嫩茎叶、嫩苗供食。城市郊区有少量栽培。

植物学特征：根系浅。茎短缩，具分枝。根出叶为三出复叶，形似鸭掌，小叶长卵圆或广卵圆形，叶缘具锯齿，常有2～3浅裂，叶柄长，基部具叶鞘，抱茎。复伞形花序，顶生或腋生，花白色。双悬果，长椭圆形，长3.5～6.5mm，宽1.0～2.1mm，果爿长纺锤形，有纵沟，黑褐色。千粒重1.5～2.0g。

鸭儿芹种子（果实）
（引自《中国蔬菜作物图鉴》）

荆 芥 (catnip)

　　荆芥（*Nepeta cataria* L.）又名假荆芥、土荆芥、猫食草、香薷。唇形科（Labiatae）荆芥属一年生草本植物。原产中国，也有学者认为原产亚洲、欧洲及非洲。喜温和、湿润。用种子繁殖。以嫩茎叶供食。江苏、安徽、江西、湖北、河北等地有栽培。

　　植物学特征：茎断面四方形，基部稍带紫色，上部多分枝。叶对生，卵圆或披针形，被白色绒毛，无叶柄。假穗状花序，顶生，由多层轮伞花序组成，花淡红色。坚果，三棱状长圆至卵圆形，长1.4～1.7mm，宽0.4～0.6mm，棕至棕黑色，略有光泽，解剖镜下可见密布的疣状突起，内含种子一枚。千粒重0.25～0.83g。种子发芽力一般可保持2年左右。

荆芥种子（果实）

藿香 （wrinkled gianhyssop）

藿香 [*Agastache rugosa* (Fisch. et Mey.) O. Kuntze] 又名合香、土藿香、山薄荷、排香草。唇形科（Labiatae）藿香属多年生草本植物，常作一年生蔬菜栽培。原产中国。喜温暖、湿润，不耐霜冻。用种子或分根繁殖。以嫩茎、叶供食。江苏、浙江、湖北等地栽培较多。

植物学特征：茎断面方形，梢部被茸毛。叶对生，卵圆至披针状卵圆形，叶缘具粗锯齿，叶面稍皱，被柔毛和腺点。假穗状花序，由唇形花多层轮生密集而成，花淡紫或白色。坚果，倒卵圆三棱状矩圆形或倒卵圆形，长1.6～2.1mm，宽0.9～1.1mm，黄褐至棕褐色，解剖镜下可见黄白色短毛，内含种子一枚。千粒重0.29g。种子发芽力一般可保持3年左右，生产上多用采后第1～2年的种子。

藿香种子（果实）

迷迭香 （rosemary）

　　迷迭香（*Rosmarinus officinalis* L.）又名艾菊。唇形科（Labiatae）迷迭香属多年生常绿小灌木。原产欧洲。喜温和，半耐寒。用种子或枝条扦插繁殖。以茎、叶供食。城市郊区有少量栽培。

　　植物学特征：根系较浅。茎直立，木质，断面方形。叶对生，狭长，针状，革质，暗绿色，叶缘反卷，叶背银白色，密被细绒毛。具芳香。花簇总状，腋生，花蓝紫、白或粉红色。坚果，卵圆或倒卵圆形，黄褐色，解剖镜下可见其腹面一端具圆形凹坑。千粒重0.88～1.00g。

迷迭香种子（果实）

琉璃苣 (borage)

　　琉璃苣 (*Borago officinalis* L.) 又名星星花、滨来香菜。紫草科 (Boraginaceae) 琉璃苣属一年生草本植物，原产地中海地区。喜温，耐寒，不耐热。用种子繁殖。以嫩茎叶供食。城市郊区有少量栽培。

　　植物学特征：茎中空。叶互生，长椭圆形，茎叶均被白色刺毛。聚伞状花序，顶生，花淡蓝或白色。坚果，稍大，长卵圆形，黑褐色，解剖镜下可见呈脊状排列的尖瘤刺。千粒重13.7～20.1g。种子发芽力可保持8年左右。

琉璃苣种子（果实）

独行菜 （garden cress）

　　独行菜（*Lepidium sativum* L.）又名家独行菜、胡椒菜、芥荠、辣辣菜、英菜。十字花科（Cruciferae）独行菜属一年生草本植物。原产伊朗、北美。喜冷凉、湿润，不耐高温。用种子繁殖。以嫩茎叶供食。吉林等地有栽培。

　　植物学特征：茎直立，多分枝。基生叶狭匙形，羽状分裂；茎生叶条形，全缘或具疏齿。总状花序，花白、黄或浅蓝色。短角果，扁圆形，近顶端两侧具狭翅，顶端微凹。种子小，扁卵圆形，成熟时棕色，解剖镜下其侧面可见明显的耳状沟纹。千粒重2.2g。种子发芽力可保持5年左右。

独行菜种子

金莲花 (common nasturtium)

金莲花 (*Tropaeolum majus* L.) 又名旱金莲、旱莲花、荷叶莲、印度独行菜。旱金莲科 (Tropaeolaceae) 旱金莲属一年生或多年生草本植物。原产南美洲的秘鲁及墨西哥。喜温暖，不耐炎热和霜冻。用种子或枝条扦插繁殖。以花瓣、嫩茎叶供食。各地多有栽培，常作观赏或药用，少数作菜用。

植物学特征：茎攀缘、匍匐或直立丛生。叶互生，盾状偏圆形，叶缘波状，叶柄细长。具辛辣味。花单生于叶腋，紫红、乳黄或橘红色。坚果，肾形，较大，淡黄色，表面具纵向多皱褶沟纹。千粒重125～143g。种子发芽力可保持5年以上。

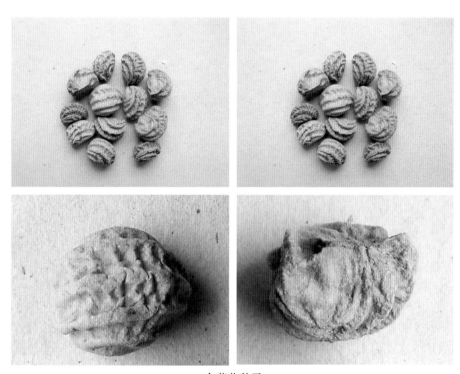

金莲花种子

龙 蒿 (tarragon)

　　龙蒿（*Artemisia dracunculus* L.）又名窄叶青蒿、青蒿。菊科（Compositae）艾属一年生草本植物。原产中亚和西伯利亚。喜温暖，较耐寒。用分株、枝条扦插或种子繁殖。以嫩茎叶、根供食。新疆及部分城市郊区有少量栽培。

　　植物学特征：茎直立，多分枝。叶互生，披针形，叶缘全缘或微锯齿状，具稀疏细毛刺。头状花序，花淡绿色。瘦果，卵圆形，稍扁，灰褐色，解剖镜下可见纵棱纹。种子常无生产利用价值。

龙蒿繁殖材料——分株与种子（果实）

马脚兰 (marjoram)

马脚兰（*Origanum majorana* L.）又名马祖林、马郁兰、茉乔栾那。唇形科（Labiatae）牛至属多年生草本植物，常作一年生蔬菜栽培。原产地中海东部及土耳其。喜温和、湿润，耐寒。用种子或分株繁殖。以嫩茎、叶供食。城市郊区有少量栽培。

植物学特征：茎直立或匍匐，断面方形，多分枝。叶小，对生，卵圆至圆形，绿至灰绿色，被白或灰色茸毛。伞房状圆锥花序，簇生于分枝上部，花具匙形苞片，白至淡紫红色。果实近圆球或长椭圆形，褐至黑褐色，解剖镜下可见密布的细皱纹。千粒重2.5g。种子发芽力一般可保持3年以上。

马脚兰种子（果实）

牛至 (oregano)

　　牛至（*Origanum vulgare* L.）又名香薷、白花茵陈、花薄荷。唇形科（Labiatae）牛至属多年生草本植物。原产欧洲。喜温，不耐高温、高湿，耐寒。用分株或种子繁殖。以叶片供食。河南等地有少量栽培。

　　植物学特征：根系发达。植株丛生，具匍匐性。茎断面呈方形。叶小，对生，长卵圆形。全株被细柔毛。花序穗状，花白或粉红色。坚果，极小，卵圆形，具微棱，无毛，黑褐或微带红色。千粒重0.083g。种子发芽力可保持5年左右。

牛至繁殖材料——分株

麝香草 (common thyme)

　　麝香草（*Thymus vulgaris* L.）又名百里香、普通百里香、庭园百里香、麝香菜。唇形科（Labiatae）百里香属多年生灌木状草本植物。原产欧洲南部。喜温和，较耐热、也较耐寒。用种子、枝条扦插或分株繁殖。以茎、叶、花供食。北京、上海等地有少量栽培。

　　植物学特征：茎木质，直立或匍匐，紫褐色，多分枝。叶小，对生，椭圆或长椭圆状披针形，具油腺点，叶面绿色、叶背灰色。轮伞花序，顶生，花冠淡紫或白色。坚果，细小，近圆球或椭圆形，褐至深棕色，光滑，解剖镜下可见密布的点疣纹。千粒重0.17～0.30g。种子发芽力可保持3年左右。

麝香草种子（果实）

欧当归 (lovage)

　　欧当归 (*Levisticum officinale* W. D. J. Koch) 又名西洋当归、拉维纪草、独活草。伞形科 (Umbelliferae) 欧当归属多年生草本植物。原产南欧及伊朗南部高山地带。喜温暖、潮湿，耐寒。用种子或分株繁殖。以嫩叶柄、茎基部供食。部分城市郊区有少量栽培。

　　植物学特征：茎短缩。基生叶羽状，2 ~ 3 裂，基部深裂呈楔形，上部浅裂，叶面具光泽。伞形花序，花小，黄绿色。双悬果，椭圆形，果爿船形，灰黑至棕黑色，背面具 3 条突起的纵棱。千粒重 3.3g。种子发芽力可保持 3 年左右。

欧当归种子（果实）

神香草 （medicinal hyssop）

　　神香草（*Hyssopus officinalis* L.）又名海索草、牛膝草、柳薄荷。唇形科（Labiatae）海索草属多年生常绿灌木，也可作一年生蔬菜栽培。原产欧洲南部、亚洲中部。喜温和，稍耐热。用种子或木质化枝条扦插繁殖。以叶、花供食。部分城市郊区有少量栽培。

　　植物学特征：茎直立，断面方形，下部易木质化。叶对生，长椭圆或条形，无叶柄，稍肉质。穗状花序，顶生，花蓝、粉红、紫或白色。坚果，细小，长卵状三棱形，平滑，但解剖镜下可见密布的疣状不规则圈点状纹。千粒重0.4g。

神香草种子（果实）

鼠尾草 （Japanese sage）

　　鼠尾草（*Salvia officinalis* L.）又名普通鼠尾草、乌草、秋丹参、消炎草、洋苏叶、山艾。唇形科（Labiatae）鼠尾草属多年生草本植物或小灌木。原产欧洲南部。喜温暖，怕高温，不耐涝。用种子或枝条扦插繁殖。以叶、全株供食。部分城市郊区有少量栽培。

　　植物学特征：根系发达。植株丛生，茎断面方形，近木质。叶对生，长椭圆形，肥厚，叶缘具锯齿或全缘，叶面有网格状叶脉和皱纹，灰绿至银灰色或绿色伴黄色斑，被细软的银灰色茸毛，叶柄较长。花成串顶生，呈假总状或圆锥状花序，花淡紫蓝、白或桃红色。坚果，近圆球形，棕褐至棕黑色，解剖镜下可见密布的细小疣点状纹。千粒重4.0g。种子发芽力一般可保持3年以上。

鼠尾草种子（果实）

夏香草 （summer savory）

　　夏香草（*Satureja hortensis* L.）又名风轮菜、夏香薄荷、立木薄荷。唇形科（Labiatae）香薄荷属一年生草本植物。原产欧洲南部和地中海沿岸。喜温和。用种子繁殖。以嫩茎、叶供食。少有栽培。

　　植物学特征：茎直立，多分枝。叶长椭圆形、全缘。花簇由2～5朵小花组成，花淡紫或白色，异花授粉。坚果，卵圆形，黄褐至褐色，常带有黑褐色纵条斑，解剖镜下可见密布的细小疣点状纹。千粒重0.67g。种子发芽力一般可保持3年。

夏香草种子（果实）

香蜂花 （bee balm）

　　香蜂花（*Melissa officinalis* L.）又名柠檬留兰香、蜜蜂花、香蜂草。唇形科（Labiatae）蜜蜂花属多年生草本植物。原产欧洲南部。喜温暖，耐热、耐寒，不耐涝。用种子、分株或枝条扦插繁殖。以嫩茎叶、花供食。部分城市郊区有少量栽培。

　　植物学特征：具根状茎。茎直立，断面呈方形。叶对生，近心脏形、稍长，叶缘具锯齿，叶面呈凹凸皱纹状，被疏茸毛及透明腺点。花序轮伞状，顶生或腋生，花黄至白色或淡紫色。坚果，长椭圆形，棕褐至棕黑色，有光泽，解剖镜下可见疣状网纹。千粒重0.50～0.66g。种子发芽力一般可保持4年以上。

香蜂花种子（果实）

　　香茅 [*Cymbopogon citratus*（DC. ex Nees）Stapf] 又名柠檬香茅、柠檬草、柠檬茅、芳香草、大风草、祛风草。禾本科（Gramineae）香茅属多年生草本植物。原产欧、亚热带地区。喜温暖、湿润，不耐霜冻。用分株繁殖。以叶片、膨大的叶鞘供食。海南、广东、云南及台湾等地有栽培。

　　植物学特征：植株直立，分蘖力强。叶片阔线形，扁平，基部叶鞘抱茎。花序呈复生、疏散圆锥状，顶端稍下垂，小花穗淡黄色，含3朵小花。

香茅繁殖材料——分蘖株

薰衣草 (lavender)

薰衣草（*Lavandula angustifolia* Mill.）又名拉文达香草、普通薰衣草、真薰衣草。唇形科（Labiatae）薰衣草属多年生常绿小灌木。原产地中海一带。喜温暖、湿润，不耐严寒。用种子、分根或枝条扦插繁殖。以嫩茎、叶和花供食。多作观赏栽培，北京、上海等城市郊区有少量菜用栽培。

植物学特征：植株丛生状，茎直立。叶片狭窄，长披针形，灰绿色。穗状花序，花蓝紫、粉红或白色。坚果，长圆或长椭圆形，褐色，具光泽。千粒重1.05g。种子发芽力可保持5年左右。

薰衣草种子（果实）

芸 香 (common rue)

　　芸香 (*Ruta graveolens* L.) 又名臭草、草香。芸香科 (Rutaceae) 芸香属多年生草本植物。原产欧洲南部。喜温暖。用种子繁殖。以嫩枝叶供食。福建、广西、广东等地有栽培。

　　植物学特征：须根状直根系。茎叶表面常带白霜，叶互生，羽状深裂至全裂，裂片倒卵圆至长椭圆形，叶缘全缘或略具钝齿，叶面具透明腺点。聚伞花序，花金黄色。蒴果。种子肾形，略扁，黑色，解剖镜下可见呈纵向排列的分枝状不规则条纹。

芸香种子

孜然芹 (cumin)

　　孜然芹（*Cuminum cyminum* L.）又名孜然、埃及莳萝、安息茴香。伞形科（Umbelliferae）孜然芹属一、二年生草本植物。原产埃及、埃塞俄比亚。喜温暖、干燥，耐寒，忌涝。用种子繁殖。以果实和嫩茎、叶供食。新疆、甘肃、内蒙古等地多有栽培。

　　植物学特征：根较细。茎直立，多分枝。全株带粉绿或绿色泛白。叶二回三出全裂，上部叶渐小，无叶柄。复伞形花序，顶生或腋生，花粉红或白色。双悬果，果片狭卵圆形，长5.0～6.0mm，宽1.0～1.5mm，灰绿、黄绿或灰褐色，被细微茸毛，具5条纵棱。千粒重2.0g。种子发芽力可保持2年左右，生产上宜用新种子。

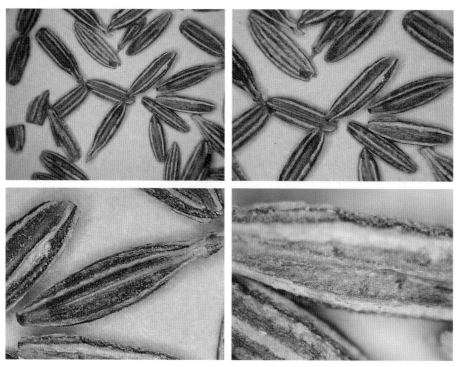

孜然芹种子（果实）

十四、芽苗类蔬菜作物

蔬 · 菜 · 作 · 物 · 种 · 子 · 图 · 册

黄豆芽 （soy bean sprout）

　　黄豆芽又名大豆芽、黄豆芽菜、豆芽菜。由大豆种子（黄豆或黑豆）培育而来，以幼芽供食。幼芽形态：子叶未开张，乳黄色；下胚轴长8～12cm，白色；尾根长3～5cm，无侧根。喜温、喜湿，要求黑暗。各地均有栽培。

　　大豆特征特性参见相关部分内容。

黑豆种子（黄豆种子请参见菜用大豆）

绿豆芽 (mung bean sprout)

绿豆芽又名绿豆芽菜、豆芽菜。由绿豆种子培育而来，以幼芽供食。幼芽形态：子叶未开张，浅黄色；下胚轴长6～10cm，纯白色；尾根长4～6cm，无侧根。喜温、喜湿，要求黑暗。各地均有栽培。

绿豆［*Vigna radiata* (L.) Wilczek］古名菉豆、植豆。豆科（Leguminosae）豇豆属一年生缠绕性或近直立草本植物。染色体数$2n=2x=22$。原产亚洲东南部。喜温，适应性广。用种子繁殖。以种子和幼芽供食。各地均有栽培，主产区集中在黄淮流域平原地区。

植物学特征：主根不发达，浅根系，具根瘤。茎直立、半蔓生或蔓生，被灰、褐色茸毛。初生真叶对生，单叶，卵圆披针形，此后为互生，三出复叶，小叶阔卵圆形或菱状卵圆形，全缘，被茸毛或无。总状花序，腋生或顶生，花黄或黄绿色，自花授粉。荚果，多数圆柱状、细长，少数宽扁、细长，成熟时黄白至黑褐色，具灰白、棕色茸毛或无。种子圆柱或圆球形，长3.0～5.0mm，宽2.0～4.0mm，一般绿色，无光泽（毛绿豆）或具光泽（明绿豆），千粒重40～50g，大粒种可达60g以上，小粒种可低于40g。种子发芽力一般可保持6年以上。

绿豆种子

香椿苗 (Chinese toon seedling)

　　香椿苗又名籽（紫）芽香椿、香椿芽、椿芽。由香椿（*Toona sinensis* Roem.）种子培育而来，以幼苗供食。幼苗形态：直立，苗高7～10cm；芽苗浅黄色，子叶微张、未充分肥大（软化型产品），或芽苗浓绿色，子叶平展、充分肥大（绿化型产品）。喜温、喜光（或弱光）、喜湿润。部分城市周边地区有栽培。

　　香椿特征特性参见相关部分内容。

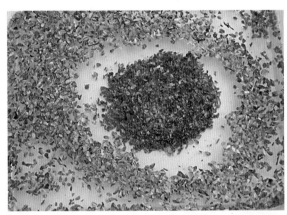

香椿种子

荞麦苗 (buck wheat seedling)

荞麦苗又名芦丁苦荞苗、苦荞苗、荞麦芽。由荞麦种子培育而来，以幼苗供食。幼苗形态：苗高10～12cm，子叶平展、充分肥大，子叶绿色，下胚轴红至紫红色。喜温、喜光、喜湿。城市周边地区有少量栽培。

荞麦（*Fagopyrum esculentum* Moench）为蓼科（Polygonaceae）荞麦属一年生草本植物。染色体数$2n=2x=16$。原产喜马拉雅山、云贵川高原及其边缘地区。喜温暖、湿润。用种子繁殖。以种子、幼苗、幼嫩茎叶供食。主产黄土高原及西南各地。

植物学特征：直根系，分布浅。茎直立，断面圆形，稍有棱角，绿或紫红色。叶互生，三角形或卵状三角形，全缘。螺状聚伞花序，顶生或腋生，花白绿至粉红色，异花授粉。瘦果，三棱卵圆形，长4.2～7.3mm，宽3.0～7.1mm，先端渐尖，果皮革质，表面光滑，无腹沟，灰棕至黑褐色，内含一粒种子。千粒重15.0～37.0g。种子发芽力一般仅能保持2年左右，生产上宜用新种子。

荞麦种子

豌豆苗 （garden pea seedling）

　　豌豆苗又名龙须豆苗、豌豆芽、荷兰豆芽。由豌豆种子培育而来，以幼苗供食。幼苗形态：芽苗直立，苗高10～15cm；半软化型产品芽苗较高，浅黄绿色，顶部复叶始展开；绿化型产品芽苗较粗壮，绿色，顶部复叶充分展开。喜冷凉，喜光（或弱光），喜湿。城市周边地区多有栽培。

　　豌豆特征特性参见相关部分内容。

花豌豆与香草豌豆（马牙豆）种子

萝卜苗 （radish seedling）

　　萝卜苗又名娃娃缨萝菜、萝卜芽。由萝卜种子培育而来，以幼苗供食。幼苗形态：芽苗直立，苗高6～10cm，子叶平展，充分肥大，翠绿、绿或微红色，下胚轴绿或红至紫红色。喜温和，喜光，喜湿。城市周边地区多有栽培。

　　萝卜特征特性参见相关部分内容。

萝卜种子

蚕豆芽 (broad bean sprout)

　　蚕豆芽又名倭豆芽、佛豆芽、罗汉豆芽、胡豆芽、寒豆芽。由蚕豆种子培育而来，以刚发芽的种子供食。种芽形态：芽长不超过2.5cm，色洁白，种皮未脱落，无污斑。喜冷凉、黑暗、潮湿。各地多有栽培。

　　蚕豆特征特性参见相关部分内容。

蚕豆种子

花椒芽 （prickly ash sprouts）

　　花椒芽又名椒芽、椒蕊、花椒脑。由花椒枝条所萌发的顶芽和侧芽供食。花椒芽形态：芽梢长10cm左右，具5片以上复叶，色泽鲜绿或略现浅紫红晕，叶柄较短，柔嫩、皮刺未硬化。喜温、喜光（或弱光）、喜湿。城市周边地区有少量栽培。

　　花椒 (*Zanthoxylum bungeanum* Maxim.)为芸香科（Rutaceae）花椒属多年生落叶乔木。原产中国。喜温。用种子繁殖。以果实、芽和幼嫩枝叶供食。河北、山西、陕西、四川等地山区有大面积栽培（主要采果，也少量采芽）。

　　植物学特征：主根不发达，侧根较强大。一年生苗木主干红褐色，一般不分枝，密集囤栽（剪去梢部）后可发出4～10个枝芽。奇数羽状复叶，互生，茎叶具尖刺。聚伞状圆锥花序或伞房圆锥花序，单性花。蓇葖果，圆球形，红褐或紫红色，外表皮皱缩，具疣状突起的油腺，果皮革质。种子圆球形，直径3.0～4.0mm，黑色，具光泽。千粒重18.1g。种子寿命短。

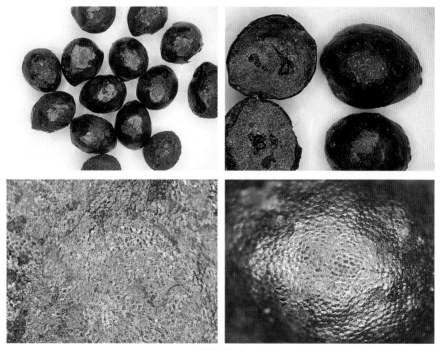

花椒种子

花生芽 （peanut sprout）

花生芽又名长生果芽、落花生芽、花生果芽。由花生种子培育而来，以幼芽供食。幼芽形态：种皮未脱落，子叶未开张，下胚轴长 1 ～ 1.5cm，胚根长小于 3cm，无侧根，白色。喜温、喜湿，要求黑暗条件。城市周边地区有少量栽培。

花生（*Arachis hypogaea* L.）又名长生果、落花生。豆科（Leguminosae）花生属一、二年生或多年生草本植物。染色体数 $2n=2x=20$，$2n=4x=40$。原产南美洲。喜温。用种子繁殖。以种子和芽供食。各地多有栽培，尤以河南、山东为多。

植物学特征：圆锥根系，具根瘤。茎蔓生、半蔓生或直立，初时断面圆形，中实，中后期中上部断面菱形，中空。偶数羽状复叶，有小叶 2 对，椭圆、卵圆或披针形，总状花序，腋生，自花授粉。荚果，串珠、葫芦、蜂腰状或茧形，果面浅黄褐色，具纵横网纹或无，顶端有果嘴或无。种子椭圆、圆锥或圆柱形，黄褐、粉红至深红色，或紫红至紫黑色。

花生种子

姜 芽 (ginger sprout)

　　姜芽又名生姜芽、黄姜芽。由姜的根茎培育而来，以幼茎（芽）供食。姜芽（幼茎）形态：长15cm（基部约有4cm长的根茎部），外表乳白至乳黄色。部分较短幼茎俗称姜芽头。喜温，要求黑暗条件，喜湿润。山东、河南等姜产区及城市周边地区有栽培。

　　姜特征特性参见相关部分内容。

姜根茎

向日葵苗 （sunflower seedling）

  向日葵苗又名葵花苗、油葵苗。由向日葵种子培育而来，以幼苗供食。幼苗形态：芽苗直立，苗高 8 ~ 12cm，子叶肥大、未展开或微张，种皮多数脱落。子叶绿色，下胚轴青白、白色或带浅粉红晕。喜温、喜光、喜湿。城市周边地区有栽培。

  向日葵（*Helianthus annuus* L.）又名葵花、油葵、太阳花。菊科（Compositae）向日葵属一年生草本植物。染色体数$2n=2x=34$。原产北美洲和中美洲。喜温，耐低温。用种子繁殖。以果实、幼苗供食。各地均有栽培，尤以东北、西北、华北为多。

  植物学特征：直根系，分布深广。茎直立，圆柱形，具硬刺毛。叶初时对生，后互生，心脏形或近圆形，被蜡质和绒毛。头状花序，花浅黄、橙黄或紫红色。瘦果，狭卵圆至阔卵圆形，略扁，具黑白纹或具灰色条纹。千粒重100 ~ 150g（食用种）或40 ~ 60g（油用种）。种子发芽力一般可保持5年。

向日葵种子

菊苣芽球 （chicory）

　　菊苣芽球又名菊苣芽、吉康菜。由芽球菊苣肉质根培育而成，以芽球供食。芽球形态：炮弹形，高10.0 ～ 16.0cm，中部横径3.5 ～ 6.0cm，重75 ～ 150g，鹅黄、乳白或紫红色，色泽鲜艳。喜温，要求黑暗条件，喜湿。城市周边地区有栽培。

　　芽球菊苣（*Cichorium intybus* L. var. *foliosum* Hegi.）特征特性参见相关部分内容。

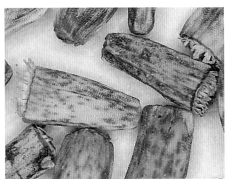

菊苣种子

苜蓿芽 (alfalfa sprout)

苜蓿芽又名金花菜芽、绿芽苜蓿、草头芽。由苜蓿 (*Medicago hispida* Gaertn.) 种子培育而来，以芽苗供食。芽苗形态：芽苗直立，苗高 3 ~ 5cm，子叶微张，平展、充分肥大，白绿色或绿色，下胚轴白色。喜温和，喜光（或弱光），喜湿。城市周边地区有少量栽培。

苜蓿特征特性参见相关部分内容。

苜蓿种子

图书在版编目（CIP）数据

蔬菜作物种子图册 / 王德槟等编著. —北京：中
国农业出版社，2022.10
ISBN 978-7-109-30002-6

Ⅰ.①蔬…　Ⅱ.①王…　Ⅲ.①蔬菜 - 种质资源 - 中国
- 图录　Ⅳ.①S630.24-64

中国版本图书馆CIP数据核字（2022）第170068号

中国农业出版社出版
地址：北京市朝阳区麦子店街18号楼
邮编：100125
责任编辑：孟令洋　郭晨茜
版式设计：杜　然　　责任校对：刘丽香　　责任印制：王　宏
印刷：北京中科印刷有限公司
版次：2022年10月第1版
印次：2022年10月北京第1次印刷
发行：新华书店北京发行所
开本：787mm×1092mm　1/16
印张：15.5
字数：420千字
定价：240.00元